2020年鄱阳湖流域暴雨洪水

江西省水文监测中心　组编

中国水利水电出版社
www.waterpub.com.cn
·北京·

图书在版编目（ＣＩＰ）数据

2020年鄱阳湖流域暴雨洪水 / 江西省水文监测中心
组编. -- 北京 ： 中国水利水电出版社，2024.5
ISBN 978-7-5226-1798-5

Ⅰ. ①2… Ⅱ. ①江… Ⅲ. ①鄱阳湖－流域－暴雨洪
水－研究－2020 Ⅳ. ①P333.2

中国国家版本馆CIP数据核字(2023)第179121号

审图号：赣 S（2023）196 号

书　　名	**2020 年鄱阳湖流域暴雨洪水** 2020 NIAN POYANG HU LIUYU BAOYU HONGSHUI
作　　者	江西省水文监测中心　组编
出版发行	中国水利水电出版社 （北京市海淀区玉渊潭南路 1 号 D 座　100038） 网址：www.waterpub.com.cn E - mail：sales@mwr.gov.cn 电话：（010）68545888（营销中心）
经　　售	北京科水图书销售有限公司 电话：（010）68545874、63202643 全国各地新华书店和相关出版物销售网点
排　　版	中国水利水电出版社微机排版中心
印　　刷	天津嘉恒印务有限公司
规　　格	184mm×260mm　16 开本　9 印张　219 千字　1 插页
版　　次	2024 年 5 月第 1 版　2024 年 5 月第 1 次印刷
印　　数	0001—1500 册
定　　价	**98.00 元**

《2020年鄱阳湖流域暴雨洪水》
编撰委员会

主　　　编：方少文　李国文　温珍玉

副 主 编：冻芳芳　张　阳　刘沁薇

统　　　稿：刘沁薇　向奇志　刘　贡

主要编写人员：

第1章	程永娟　向奇志		
第2章	陈　静　廖琳玉		
第3章	程雪蓉　彭　英	吴珊珊　冷太铁	
第4章	刘沁薇　关兴中	周抒情　周屹峰	
	刘建伟　万月云	王　荣　余敏琳	
第5章	王淑梅　张　斌	欧阳千林　洪　博	
第6章	刘　贡　刘　林	杨筱筱	
第7章	冻芳芳　朱建平	郭文峰	
第8章	吴美芳　黄孝明	谢小华　张郑维	
	徐征文　金　戎	钟艳亭	
第9章	张　阳　陈安平		

主要参加人员：

刘铁林	殷国强	卢静媛	杨　嘉	刘新君
周　茜	胡丽萍	万兴宇	周思思	徐会青
张　翔	魏树强	刘槟榕	占承德	曹　嘉
吴燕萍	刘霆霆	张超美		

序

　　江西，气候湿润，水系发达，量丰质优的水资源孕育了绿水青山、鱼米之乡。但时空分布不均的降水和独特的自然地理条件，也决定了洪灾频发是江西的基本省情。

　　2020 年 7 月，暴雨如注接踵而至，洪水滔滔席卷而来。7 月上旬，"五河"及鄱阳湖仅一周内就接连发生 12 次编号洪水。7 月 8 日 20 时 35 分，鄱阳县问桂道圩漫决；7 月 9 日 21 时 35 分，中洲圩溃决；7 月 12 日 23 时，鄱阳湖标志性水文站星子站水位涨至 22.63m，超历史实测最高水位 0.11m，超警戒时间长达 59 天，沿岸一片泽国，鄱阳湖流域汛情告急！

　　习近平总书记对做好防汛救灾工作高度重视，作出重要指示："当前，已进入防汛的关键时期，各级党委和政府要压实责任、勇于担当，各级领导干部要深入一线、靠前指挥，组织广大干部群众，采取更加有力有效的措施，切实做好监测预警、堤库排查、应急处置、受灾群众安置等各项工作，全力抢险救援，尽最大努力保障人民群众生命财产安全。"

　　在以习近平同志为核心的党中央坚强领导、运筹帷幄下，在江西省委、省政府的统筹推进、有力指挥下，"万众一心、众志成城、不怕困难、顽强拼搏、坚韧不拔、敢于胜利"的伟大抗洪精神，在赣鄱大地上闪耀着新的时代光芒。部队官兵闻汛而动，紧急驰援，谱写英雄壮歌。有关部门主动担当，情系民心，解决"急难愁盼"。共产党员义无反顾，勇敢逆行，践行初心使命。各界群众守望相助，传递温情，携手共渡难关。党政军民齐奋战，决胜千里缚苍龙！

　　这种同风共雨中构筑起的信任感与责任感，汇聚成守护家园的磅礴合力，支撑抗洪救灾工作有序进行、有力开展，在鄱阳湖流域超历史大洪水面前，创造了全省 71.5 万名群众紧急转移安置、无一人死亡的抢险救灾佳绩。江西，这个以江为名、因水而生的水利大省，有力践行了"两个坚持、三个转变"的防灾减灾救灾新理念，有力践行了"人民至上、生命至上"理念和"以人民为中心"的发展思想，经受住了洪水的考验与人民的检阅，交出了防汛抢险救灾的合格答卷。答卷的背后，凝结了习近平总书记对人民群众的深情与牵挂，凝结了党中央、国务院对江西的关怀与关爱，凝结了水利防汛工作者全力防汛减灾的决心与毅力，也凝结了4500万赣鄱儿女对党和政府的感恩之心。

这个特殊的汛期，注定被载入赣鄱防洪史册，为防汛工作留下新的注脚。江西省水利厅集中水文技术尖兵，全面分析2020年鄱阳湖流域超历史大洪水的特点，深入探究洪水成因，编著而成《2020年鄱阳湖流域暴雨洪水》，以挖掘更符合省情的洪水规律，探寻更为科学的洪灾应对之策。

该书全面系统地总结了洪水全过程，对气候背景、暴雨洪水、水文监测预报预警、水库防洪调度、圩堤运用等作出研究分析，探讨了高水位成因并对洪水进行还原计算，具有较强的理论性和针对性。这是水利工作者防汛实践的经验总结，是水文工作者支撑防灾减灾的智慧结晶，将为今后江西防汛工作提供更有价值的参考依据，对提高全省防范化解水安全风险能力具有积极的推动作用。

罗小云

2024 年 4 月

前 言

2020 年 7 月，受厄尔尼诺事件、副热带高压异常偏强等影响，鄱阳湖流域接连迎来两次强降雨过程，降雨过程集中、强度大、范围广、持续时间长。受强降雨影响，五河及鄱阳湖一周内接连发生 12 次编号洪水，修河发生大洪水，赣江、昌江、乐安河、潦河发生中洪水。鄱阳湖星子站出现有纪录以来最高水位 22.63m，超警戒水位 3.63m，超原有纪录以来最高水位 0.11m（1998 年）。高强度的暴雨、高度重叠的降雨落区、接踵而至的编号洪水、各流域洪水遭遇、长江九江段洪水的阻击等原因共同形成了本次鄱阳湖流域性大洪水。

为全面总结 2020 年鄱阳湖流域性大洪水的成因、特点，江西省水文部门组织力量将防洪历史定格为经验而编写本书，以便在日后洪水防御中有史实为据、有经验借鉴，从而使防洪决策更为有力、抢险指挥更为沉着。是年 10 月，江西省水文监测中心迅速召开工作部署会，确定《2020 年鄱阳湖流域暴雨洪水》编写大纲，各流域中心闻令而动，迅速对 2020 年鄱阳湖流域暴雨洪水开展深入调查，对暴雨、洪水特点及成因、水库防洪调度、圩堤防洪等进行系统分析和总结，聚合力量编写了《2020 年鄱阳湖流域暴雨洪水》。

2021 年 9 月 17 日，江西省水文监测中心对《2020 年鄱阳湖流域暴雨洪水》阶段性成果进行了审查；根据专家意见，12 月完成了修改完善，2023 年 1 月完成了本书送审稿。

2023 年 2 月，江西省水文监测中心对本书送审稿进行了技术审查，3 月定稿。

《2020 年鄱阳湖流域暴雨洪水》全面分析总结了 2020 年鄱阳湖流域暴雨洪水，描述了暴雨时空分布、洪水发展过程，分析了暴雨洪水成因、雨洪特点、洪水遭遇、洪水定性，并对水库防洪调度、圩堤防洪进行了调查分析，探讨了高水位成因并对洪水进行还原，从而为今后的防汛抗洪、水库群联合调度、水利规划建设等工作提供宝贵的成果资料。

　　本书的编写得到了水利部信息中心、水利部长江水利委员会水文局、江西省水利厅的大力支持，是广大水文工作者的共同心血和智慧结晶，并且获江西省重点研发计划项目《变化环境下鄱阳湖流域降水径流、洪水干旱灾害变化及其对策研究》（编号：20212BBG71014）资助。

　　由于编者技术水平的局限，书中难免存在一些不足之处，恳请读者批评指正。

编者

2023 年 3 月

目　录

第1章

概　述

2020年，鄱阳湖流域气候异常，暴雨过程长、笼罩面积广、范围大、落区高度重叠，暴雨洪水遭遇恶劣，鄱阳湖流域发生流域性大洪水，全省13河（湖）16站超纪录，36河84站次超警戒。在抵御2020年鄱阳湖大洪水期间，江西水文加强监视分析、强化值班值守、加密分析研判、及时启动应急监测和预报预警，努力提升服务质量，为各级防汛指挥部门提供了大量准确及时的雨水情信息及预报成果支撑。

1.1　降雨和洪水概况

受厄尔尼诺事件、西太平洋副热带高压偏强等气候因素影响，2020年鄱阳湖流域降雨总体偏多，但降雨时间分布不均，汛前降雨异常偏多，汛期前少后多，尤其是6—7月，鄱阳湖流域累计降雨量大、强降雨集中、强度大、范围广、持续时间长。

2020年江西省年平均降雨量1812mm，较常年同期（1950—2019年，70年，下同）偏多1成，从时间上呈现"多—少—多—少"的分布，其中1—3月偏多近4成，4—5月偏少2成，6—9月偏多4成，10—12月偏少5成。6—7月，江西省平均降雨量602mm，较常年同期偏多近5成，尤其是7月偏多1倍多，全省平均降雨量299mm，列有纪录以来第3位。

受五河及长江来水共同影响，鄱阳湖流域发生流域性大洪水。全省13河16站超纪录，36河84站超警戒，共发生编号洪水13次，特别是7月上旬，五河及鄱阳湖一周内接连发生12次编号洪水，修河发生大洪水，赣江、昌江、乐安河、潦河发生中洪水。

2020年鄱阳湖流域暴雨洪水发展过程可分为三个阶段：

第一阶段（6月22—30日），鄱阳湖流域发生一轮强降雨过程，多条支流暴发洪水，主要江河水位持续上涨，江河湖库底水抬高，为后期洪水的发展奠定基础。

第二阶段（7月2—5日），赣北、赣中北部及鄱阳湖区发生集中强降雨过程，赣北累计降雨量100～250mm，局部达250～350mm，赣中累计降雨量50～100mm，湖区累计降雨量96mm，成为鄱阳湖流域性大洪水筑底造峰的主要来源。

第三阶段（7月6—10日），此阶段雨带南压至赣北南部和赣中，全省平均降雨量

163mm，湖区平均降雨量高达 237mm，累计降雨量 100mm 以上笼罩面积占江西省面积的 69%，累积降雨量 250mm 以上笼罩面积占 20%，仅 7 日一天，流域内就有 15 站降雨量超过 400mm。集中强降雨导致江河湖水位迅猛上涨，与长江来水叠加恶劣，致使鄱阳湖发生流域性大洪水。

1.2　暴雨分析

2020 年 6—7 月，鄱阳湖流域共发生 5 次强降雨过程，其中 7 月上旬接连发生 2 次持续性暴雨～大暴雨的极端强降雨过程，暴雨中心均位于赣北、赣中，累计降雨量达 221mm，居 1950 年以来同期第 1 位，抚河、信江、饶河、修河及鄱阳湖区累计降雨量均达到 200mm 以上，最大为饶河 472mm。

2020 年 7 月暴雨主要特点如下。

1. 暴雨过程持续时间长，总量大

7 月 2—10 日鄱阳湖流域连续出现两次强降雨过程，暴雨时间长达 9d，日降雨量 50mm 以上笼罩面积接近或超过 1 万 km² 的天数有 7d；全省平均降雨总量 219mm，为常年同期近 4 倍，居有纪录以来第 1 位，9d 降雨量占江西省多年平均降雨量（1638mm）的 13%，主暴雨区赣北、赣中多地降雨量达到 700mm 以上。

2. 暴雨笼罩面积大，雨带稳定少动

7 月 2—5 日，暴雨笼罩面积达 6.22 万 km²，占江西省国土面积（16.69 万 km²）的 37%，大暴雨笼罩面积 3.56 万 km²；6—10 日，暴雨笼罩面积达 12.72 万 km²，占全省国土面积的 76%，大暴雨笼罩面积 11.46 万 km²，占全省国土面积的 69%，特大暴雨笼罩面积 3.35 万 km²。两次强降雨过程暴雨中心均主要位于赣北、赣中，雨带稳定少动，其中 2—5 日降雨过程赣北累计降雨量 100～250mm，赣中累计降雨量 50～100mm，局部降雨量达 250～350mm；6—10 日降雨过程赣北累计降雨量 210～270mm，赣中累计降雨量 160～210mm，局部降雨量高达 400～700mm。

3. 暴雨强度大，多地降雨出现极值

7 月上旬流域内暴雨强度大，多站创有纪录以来极值。最大 1h 降雨量为泰和县洲尾站 95.0mm，列该站有纪录以来第 1 位，重现期 50 年。最大 3h、6h、12h、24h 降雨量均出现在吉安县田塅站，分别为 216.0mm、300.0mm、434.5mm、464.5mm，列该站有纪录以来第 1 位，重现期超 100 年。吉安县敦厚站 3h 降雨量 186.5mm，列该站有纪录以来第 1 位，重现期超 100 年。吉安县永和站 3h、6h、12h、24h 降雨量分别为 186.0mm、269.0mm、374.0mm、390.5mm，列该站有纪录以来第 1 位，重现期超 100 年。

1.3　洪水分析

1.3.1　洪水特征

1.3.1.1　洪峰

2020 年鄱阳湖代表站星子水位站洪峰水位 22.63m，超有纪录以来（1950—2019 年，

70年，下同）最高水位 0.11m。星子站持续超警戒时间长达 59d，居第 4 位；21.5m、22m 以上水位的持续天数分别为 15d、7d，均列第 2 位，仅次于 1998 年。出湖控制站湖口站洪峰水位 22.49m，距保证水位仅 0.01m，居第 2 位，仅次于 1998 年 22.59m。

赣江控制站外洲站洪峰水位列有实测纪录以来第 7 位，洪峰流量列第 5 位，尾闾东、西、南、北四支刷新原有纪录以来最高水位，刷新幅度 0.12～0.72m；信江控制站梅港站超警戒 1.66m；饶河古县渡～鄱阳段最高水位超纪录，昌江渡峰坑站和乐安河婺源站均列第 2 位，乐安河控制站虎山站列第 4 位；修河永修站水位超有纪录以来最高水位 0.15m，尾闾吴城站超纪录 0.01m。

1.3.1.2　径流量

2020 年鄱阳湖流域来水 1226 亿 m^3，与常年同期（1240 亿 m^3）基本持平，来水时空分布不均。抚河、饶河、修河偏多 1～4 成，赣江、信江偏少 1 成；来水主要集中在 7 月，占汛期的 32%，是常年同期 2 倍，其中饶河偏多 1.5 倍以上。鄱阳湖出湖水量 1548 亿 m^3，较常年同期（1443 亿 m^3）偏多 7.3%。7 月 6—8 日鄱阳湖湖口站发生长江水倒灌现象，倒灌总水量 3.0 亿 m^3。

1.3.2　洪水重现期

1. 赣江外洲水文站

赣江南昌河段调查历史洪水有 1901 年、1924 年、1937 年洪水，推算得外洲站洪峰流量分别为 20800m^3/s、24700m^3/s、19300m^3/s；实测最大洪峰流量为 2010 年 21500m^3/s。2020 年实测洪峰流量 19500m^3/s，居第 7 位（含调查洪水），重现期约 20 年。

2. 昌江渡峰坑水文站

昌江渡峰坑河段调查历史洪水有 1884 年、1916 年、1942 年洪水，推算得渡峰坑站洪峰流量分别为 13000m^3/s、11000m^3/s、10000m^3/s；实测最大洪峰流量为 1998 年 8600m^3/s。2020 年实测洪峰流量 8470m^3/s，居第 5 位（含调查洪水），重现期约 20 年。

3. 乐安河虎山水文站

乐安河虎山河段调查历史洪水有 1882 年、1935 年洪水，推算得虎山站洪峰流量分别为 13000m^3/s、10700m^3/s，实测最大流量为 1967 年 10100m^3/s。2020 年实测洪峰流量 7680m^3/s，居第 7 位（含调查洪水），重现期约 10 年。

4. 潦河万家埠水文站

潦河万家埠河段调查历史洪水有 1915 年洪水，根据洪痕推算得万家埠站洪峰流量为 6690m^3/s；实测最大洪峰流量为 1977 年 5600m^3/s。2020 年实测洪峰流量 4490m^3/s，居第 5 位（含调查洪水），重现期约 10 年。

5. 修河永修水位站

修河永修站 2020 年实测洪峰水位 23.63m，超警戒水位 3.63m，居有纪录以来第 1 位，高于原有纪录以来最高水位 0.15m（23.48m，1998 年）。根据永修站年实测最高水位资料分析计算，重现期约 20 年。

6. 鄱阳湖星子站

鄱阳湖星子站 2020 年实测最高水位 22.63m，超警戒水位 3.63m，居有纪录以来第 1

位，高于原有纪录以来最高水位 0.11m（22.52m，1998 年），根据星子站实测年最高水位资料分析计算，重现期约 30 年。

1.3.3　还原分析

在应对 2020 年 7 月鄱阳湖流域流域性大洪水过程中，万安、峡江、柘林等大中型水库充分发挥了拦洪、削峰、错峰作用，最大程度上减轻了湖区防洪压力；7 月 9 日、13 日江西省防汛抗旱指挥部分别发布了《关于切实做好单退圩堤运用的通知》《关于全面启用单退圩堤蓄滞洪的紧急通知》，7 月 11 日单退圩堤开始有序进洪，为实行退田还湖工程 22 年来首次全部运用。

7 月 12 日鄱阳湖湖口站到达洪峰水位 22.49m，超警戒水位 2.99m，低于保证水位 0.01m，成功避免了康山蓄滞洪区的启用。经还原分析：2020 年 7 月，鄱阳湖流域干支流大中型水库累计拦蓄洪量共 18 亿 m^3，相应降低鄱阳湖水位约 0.18m；鄱阳湖区及长江九江段开闸进洪圩堤共 213 座（鄱阳湖区 185 座，长江九江段 17 座，其他圩堤 11 座），其中鄱阳湖区 185 座单退圩堤分洪量达 26.2 亿 m^3，降低湖区水位 0.2～0.3m。

1.3.4　与典型年比较

选取 1954 年、1998 年、2010 年、2016 年为典型历史洪水，2020 年洪水与典型历史洪水对比如下。

1.3.4.1　降雨

从形成暴雨的气象背景和天气系统来看，各典型年虽气候背景不尽相同，但赤道太平洋海表温度均表现为异常，中高纬地区多数形成了阻塞高压，副热带高压多数偏强，夏季风多数偏弱，雨带位置相应偏南，形成暴雨的天气系统相似，均是形成暴雨的有利条件。从致洪暴雨过程来看，2020 年暴雨过程（7 月 6—10 日）与 1954 年 6 月 22—28 日、1998 年 6 月 12—26 日、2010 年 6 月 16—24 日、2016 年 7 月 2—5 日暴雨过程进行对比分析，5 次典型暴雨过程强度均为暴雨～大暴雨，强雨带重叠区域位于赣中、赣北及湖区，且雨带稳定少动，暴雨历时除 1998 年达到了 15d 外，其余典型年均在 4～9d。

1.3.4.2　洪水

1. 水位

1954 年、1998 年、2010 年、2020 年鄱阳湖流域均发生流域性大洪水，2016 年发生区域性大洪水。1954 年修河、鄱阳湖发生较大洪水，永修站水位 22.59m，星子站水位 21.85m，列有纪录以来第 5 位。1998 年抚河、信江、饶河、修河及鄱阳湖均发生较大洪水，李家渡站水位 33.08m，梅港站水位 29.84m，渡峰坑站水位 34.27m，均列有纪录以来第 1 位；永修站水位 23.48m，星子站水位 22.52m，均列有纪录以来第 2 位；虎山站水位 30.33m，列有纪录以来第 3 位。2010 年赣江、抚河、信江发生较大洪水，外洲水位 24.23m，列有纪录以来第 1 位；梅港水位 29.82m，列有纪录以来第 2 位；李家渡水位 32.70m，列有纪录以来第 3 位。2016 年昌江、修河发生较大洪水，渡峰坑站水位 33.89m，永修站水位 23.18m，均列有纪录以来第 3 位。2020 年昌江、修河及鄱阳湖发生较大洪水，星子站水位 22.63m，永修站水位 23.63m，均列有纪录以来第 1 位；渡峰坑水位 33.94m，列有纪录以来第 2 位。2020 年鄱阳湖流域各主要控制站年最高水位与典型年对比见表 1-1。

表 1-1　　　　2020 年鄱阳湖流域各主要控制站年最高水位与典型年对比

流域	站名	最高水位/m					有纪录以来最高	
		2020 年	2016 年	2010 年	1998 年	1954 年	年份	水位/m
赣江	外洲	24.76	22.34	24.23	25.07	24.32	1982	25.6
抚河	李家渡	30.04	30.18	32.7	33.08	31.28	1953	31.57
信江	梅港	27.66	25.6	29.82	29.84	26.86	1998	29.84
饶河	渡峰坑	33.94	33.89	32.75	34.27	30.27	1998	34.27
	虎山	30.18	25.71	28.54	30.33	27.93	2011	31.18
修河	永修	23.63	23.18	20.55	23.48	22.59	2020	23.63
鄱阳湖	星子	22.63	21.38	20.31	22.52	21.85	2020	23.63

2. 洪量比较

2020 年鄱阳湖入湖洪量与典型年入湖洪量进行比较：2020 年最大 1d、3d、7d 入湖洪量低于 1998 年、2010 年，列第 3 位；其他时段最大洪量仅高于 2016 年，最大 7d、15d、30d 入湖洪量分别为 1998 年的 70%、57%、61%。由此可见，短历时洪量大、五河洪水遭遇恶劣等因素是造成 2020 年出现有纪录以来最高洪水位的主要原因。2020 年鄱阳湖入湖洪量与典型年对比见表 1-2。

表 1-2　　　　　　　2020 年鄱阳湖入湖洪量与典型年对比

年份	最大日均流量/(m³/s)		最大洪量/亿 m³				
	流量	日期	1d	3d	7d	15d	30d
2020	39600	7-11	34.2	96.6	156.2	234.0	323.5
1954	33300	6-17	28.8	79.1	145.2	287.8	514.4
1998	48000	7-13	41.5	111.3	222.7	411.5	530.5
2010	45800	7-12	39.6	107.0	210.0	322.0	449.1
2016	25800	5-10	18.0	45.0	90.9	145.6	265.8

1.3.5　高水位成因

1. 降雨强度大、范围广、极端性强

2020 年 7 月上旬，赣北、赣中遭受大暴雨袭击，累计面雨量达 300～500mm。全省平均降雨量高达 228mm，为同期均值的近 4 倍，列有纪录以来第 1 位，其中南昌、九江、上饶、宜春、景德镇 5 市降雨量均列有纪录以来第 1 位，是同期均值 4～6 倍。浮梁县（279mm）、彭泽县（264mm）最大 24h 面平均雨量暴雨频率均达 50 年一遇，吉州区（269mm）最大 24h 面平均雨量暴雨频率超 100 年一遇，多站最大 3h、6h、12h、24h 面平均雨量暴雨频率超 100 年一遇。累计点雨量最大为上饶市三清山南索道站 603mm，全省 70 多个县区近 2000 个站点降雨量超过 250mm，笼罩面积 7.3 万 km²，占江西国土面积的 43％。降雨强度大、范围广、极端性强，是形成 2020 年高水位的基本条件。

2. 前期来水丰、河湖底水高

2020 年 6 月，鄱阳湖流域共出现 5 次降雨过程，其中 3 次强降雨过程，6 月全省平均降雨量 303mm，较常年同期偏多 13％，除赣州市外各地市降雨量均偏多，偏多幅度 7％～76％，尤其 6 月下旬，流域平均降雨量较常年同期偏多 24％。鄱阳湖星子站水位短短 10d 左右时间上涨了约 2.5m，至 7 月 2 日 8 时已涨至 18.01m，水位由之前较同期偏低转为偏高，奠立了鄱阳湖高水位的基础。

3. 五河洪水遭遇恶劣及长江高位顶托

2020 年 7 月上旬，集中高强度的降雨导致一周内五河及鄱阳湖接连发生 12 次编号洪水，五河洪水呈现恶劣遭遇和反复叠加，五河入湖最大日均流量 39600m³/s，列有纪录以来第 4 位；与此同时"长江 1 号洪水"于 7 月 2 日 10 时形成，长江来水持续加大并于 7 月 6 日 23 时发生倒灌，倒灌最大流量 3160m³/s，倒灌总水量 3 亿 m³。由于五河干支流来水及长江高位顶托，湖区洪水宣泄不畅，致使鄱阳湖星子站高水位且持续时间长、消退缓慢。

1.4 水利工程防洪分析

1.4.1 水库防洪分析

在抗击 2020 年鄱阳湖流域性大洪水过程中，省防指、省水利厅科学调度万安、峡江、石虎塘、洪门、廖坊、柘林、江口、大坳、罗湾、小湾、浯溪口等水库进行拦洪滞洪、削峰、错峰，充分发挥了水库群的调蓄作用。据统计，在 6—7 月的暴雨洪水集中期共拦蓄洪量为 23.24 亿 m³，占总防洪库容的 48.3％，取得了显著的防洪效益，尤其是在应对 7 月上旬鄱阳湖流域性大洪水过程中，调度大中型水库 50 余次，累计拦蓄洪量 18 亿 m³，相应降低鄱阳湖水位约 0.18m，有效减轻鄱阳湖及长江九江段防洪压力。

1.4.2 圩堤防洪分析

应对鄱阳湖大洪水过程期间，鄱阳湖区所有单退圩堤主动开闸清堰分蓄洪水，为实行退田还湖工程 22 年来首次全部运用，湖区 185 座单退圩堤分洪量达 26.2 亿 m³，降低湖区水位约 0.2～0.3m。通过科学运用单退圩堤有序进洪、大中型水库拦洪错峰以及三峡等长江上中游水库群联合调度等措施，避免了启用康山蓄滞洪区分洪，保障了 101 座万亩以上圩堤、13 个城镇及重要基础设施、近 700 万亩农田和 900 多万人口的防洪安全，极大减少了洪灾损失。

1.5 监测预报预警

1.5.1 水文监测

2020 年，江西省水文监测中心不断完善全省水文监测值班制度、流程和要求，紧扣数据"有没有""好不好"两个关键问题，对全省雨量、水位、流量、蒸发、墒情、视频监控、地下水、取用水户等信息进行监控管理，确保了水文数据的准确可靠、权威高效，为做好水文预警预报服务工作提供了数据支撑。在应对 2020 年鄱阳湖流域性大洪水过程中，昌江问桂道圩、中洲圩以及修河三角联圩溃决后，应急监测队伍迅速出击、连续作战，围绕三座溃口圩堤抢险救灾、溃口封堵、应急排涝的需要，采用无人机浮标法测流系统、手持雷达波、遥控船搭载 ADCP 等先进技术，开展溃口水文应急监测和分析工作，从溃口决口到封堵过程中，水文部门取得了大量、精确的实测及分析成果，为三座溃口圩堤的抢险救灾、封堵排涝提供了可靠的决策依据。

1.5.2　水文预报

2020 年期间，江西省水文监测中心坚持科学预报，做到"报得出、报得准、报得及时"，精准的预报为防汛抢险提供了科学准确的数据支撑，在抵御 2020 年鄱阳湖流域大洪水期间，共发布江、河、湖、库的洪水预报达 5660 站次，预报合格率达 90% 以上。提前5d 预报鄱阳湖星子站洪峰水位将超 22m；提前 3d 预报鄱阳湖将超有纪录以来最高水位并将达到启用蓄滞洪区标准；持续开展鄱阳湖退水滚动分析，分别提前 3d、10d、20d 超前预报鄱阳湖星子站水位退出 21m、20m、19m 时间，此外，准确预判潦河万家埠站洪峰流量及修河永修站洪峰水位，高效准确的预报信息为各级防汛指挥决策部门提供了有力的技术支撑，为受灾群众转移、避险赢得了宝贵时间。

1.5.3　水文预警

江西水文致力拓宽水文服务领域，不断完善预警机制，中小河流洪水及山洪灾害气象预警同步推进，开展暴雨洪水和内涝预报预警，预警水平更上一个台阶。2020 年共发布洪水预警 202 期，其中红色预警发布次数为 2020 年长江流域水文机构发布红色预警次数之最，为全省减少灾害损失、安全转移安置 83.7 万人提供了强有力的参谋服务；针对降雨集中地区，密切监视未来涨幅将超 2m 以上中小河流站点，及时发布预警信息，为决策部门防汛救灾、转移群众抢得先机，通过白塔河洪水淹没辅助决策系统发布中小河流洪水预警信息，提前转移 1 万余人，减少经济损失 644 万元；以重点风景名胜区、山洪易发区为重点区域，应用气象部门 6h 预报成果，加密监测，及时发布中小河流洪水及山洪灾害气象预警，依托城市水文监测站点或系统，开展暴雨洪水和内涝预报预警，同时主动探索多部门协作配合，建立预警发布平台，为防范暴雨山洪、及时转移群众赢得了宝贵的应对时间。

第
2
章

流 域 概 况

2.1 自然地理

2.1.1 地理概况

鄱阳湖流域位于长江南岸，东起武夷山脉，西至罗霄山脉，南至南岭山脉，地处中国的东部季风区，位于东经 $113°34'36''$～$118°28'58''$，北纬 $24°29'14''$～$30°04'41''$，南北最长约 620km，东西最宽约 490km，总面积为 16.22 万 km^2，约占江西省国土面积的 97%，其余 3% 隶属于福建、浙江、安徽、湖北、广东等省份。

流域内岩石发育以沉积岩为主，亦有岩浆岩和变质岩。地质历史构造运动，尤其是第四纪以来的新构造运动，形成了现代鄱阳湖流域的南北三大地貌区、东西三大地貌带，以及南高北低地势的宏观地貌格局。在南北向上，鄱阳湖流域北部以平原为主，南部以山区为主，而中部为过渡区。在东西向上，除位于南部的南岭山脉走向较为零乱之外，其余的山体大多呈北北东～南南西或北东南西走向，山脊线与构造线基本保持一致，并形成东西三大地貌带，即位于流域西部的罗霄山、九岭山和幕阜山，位于东部的武夷山、怀玉山、天目山和黄山余脉，以及中间的鄱阳湖平原和众多的河谷盆地。

鄱阳湖流域三面环山，周围高中间低。地貌类型以丘陵山地为主，约占流域总面积的78%。主要山脉基本分布在流域的边界，形成与相邻省份的天然分界线和流域分水岭。平原盆地约占流域面积的 12%，主要分布在鄱阳湖平原和诸丘陵之间的断陷盆地。鄱阳湖平原又称赣北平原，属于长江中下游五大平原之一，经赣江、抚河、信江、饶河和修河五大河流长期冲刷淤积形成。滨湖地带地势低平，港汊纵横，池沼水田相连，土地肥沃，农牧渔业发达。平原外侧的平地和岗地，多以梯级方式开垦为旱地和水田。盆地主要有吉泰盆地、赣州盆地和瑞金盆地等，地势低平，水道交错。

流域内地貌类型众多，其中水域湿地面积约占流域总面积的 10%。鄱阳湖湿地具有丰富的生物多样性，是我国和国际的重要湿地，并被列入首批国际重要湿地名录，是一个具有全球意义的生态宝库。

2.1.2 河流水系

鄱阳湖流域河流众多、纵横交错、湖泊水库星罗棋布。流域面积 $50km^2$ 以上河流有967 条，$200km^2$ 以上河流有 245 条，$3000km^2$ 以上河流有 22 条，$10000km^2$ 以上的赣江、抚河、信江、饶河、修河五大水系均发源于与邻省接壤的边缘山区，从东南西三个方向汇入鄱阳湖，经鄱阳湖调蓄后由湖口汇入长江，形成完整的鄱阳湖水系。

1. 赣江

赣江纵贯鄱阳湖流域南部和中部，为入鄱阳湖五大河流之首，发源于江西省石城县横江镇赣江源村石寮崠，主流长 823km，流域面积 $82809km^2$，流经赣州市、吉安市、宜春市、南昌市至八一桥以下的扬子洲，尾闾分四支注入鄱阳湖。赣江水系发育，支流众多，流域面积 $10km^2$ 以上河流有 2073 条，其中 $10\sim30km^2$ 有 1293 条，$30\sim100km^2$ 有 549条，$100\sim300km^2$ 有 159 条，$300\sim1000km^2$ 有 50 条，$1000\sim3000km^2$ 有 11 条，$3000\sim10000km^2$ 有 10 条，大于 $30000km^2$ 河流有 1 条。

2. 抚河

抚河位于鄱阳湖流域东部，发源于广昌、石城、宁都三县交界处的灵华峰东侧里粧，主河长 348km，流域面积 $16493km^2$，经广昌县、南丰县、南城县、金溪县、临川区、丰城市、南昌县、进贤县，于进贤县三阳入鄱阳湖。流域内河系发达，流域面积 $10km^2$ 以上河流有 382 条，其中 $10\sim30km^2$ 有 229 条，$30\sim100km^2$ 有 105 条，$100\sim300km^2$ 有 34条，$300\sim1000km^2$ 有 8 条，$1000\sim3000km^2$ 有 4 条，$3000\sim10000km^2$ 有 1 条，大于 $1000km^2$ 河流有 1 条。

3. 信江

信江位于鄱阳湖流域东北部，发源于浙赣边境江西省玉山县三清乡平家源，主河长359km，流域面积 $17599km^2$。经上饶市、鹰潭市至余干的大溪渡分东、西两支分别注入鄱阳湖。流域面积 $10km^2$ 以上河流有 320 条，其中 $10\sim30km^2$ 有 174 条，$30\sim100km^2$ 有99 条，$100\sim300km^2$ 有 30 条，$300\sim1000km^2$ 有 13 条，$1000\sim3000km^2$ 有 3 条，大于 $10000km^2$ 河流有 1 条。

4. 饶河

饶河位于鄱阳湖流域东北部，由乐安河与昌江组成，主流乐安河发源于赣皖边界江西婺源县段莘乡的五龙山。主河长 299km，流域面积 $15300km^2$，经婺源县、德兴市、乐平市、万年县、鄱阳县，在饶公渡汇合昌江水后经鄱阳县双港镇尧山注入鄱阳湖。乐安河为饶河分段河流，流域面积 $8820km^2$（含浙江省境内面积 $262km^2$），河长 280km；北支昌江流域面积 $6260km^2$（含安徽省境内面积 $1894km^2$），河长 254km；汇合口以下流域面积 $220km^2$。流域内河系发达，流域面积 $10km^2$ 以上河流有 293 条，其中 $10\sim30km^2$ 河流有183 条，$30\sim100km^2$ 河流有 71 条，$100\sim300km^2$ 河流有 24 条，$300\sim1000km^2$ 河流有12 条，$1000\sim3000km^2$ 河流有 1 条、$3000\sim10000km^2$ 河流有 1 条，大于 $10000km^2$ 河流有 1 条。

5. 修河

修河位于鄱阳湖流域西北部，发源于江西铜鼓县高桥乡叶家山，即九岭山脉大围山西北麓。主河长 419km，流域面积 14797km²，经铜鼓县、修水县、武宁县、永修县、于永修县吴城镇注入鄱阳湖。流域面积 10km² 以上河流有 305 条，其中 10～30km² 河流有 172 条，30～100km² 河流有 96 条，100～300km² 河流有 24 条，300～1000km² 河流有 9 条，1000～3000km² 河流有 2 条、3000～10000km² 河流有 1 条，大于 10000km² 河流有 1 条。

6. 鄱阳湖区

鄱阳湖区位于鄱阳湖流域北部，湖区承接赣、抚、信、饶、修五河来水。五河控制水文站以下至湖口之间的区域面积 25499km²。汇入湖区的流域面积 200km² 以上河流有清丰山溪等 14 条河流。

2.2 水文气象

2.2.1 气候概况

鄱阳湖流域属中亚热带湿润季风气候区，气候温和、雨量丰沛、光照充足。四季分明，冬季寒冷少雨而春季多雨，夏秋受副热带高压控制晴热少雨，偶有台风侵袭。

常年平均气温 16.5～17.8℃，7 月气温最高，日平均气温 30℃，极端最高气温 40.5℃；1 月气温最低，日平均气温 4.4℃，极端最低气温零下 11.9℃。光能资源充足，常年平均日照时数 1750～2105h。常年平均无霜期为 246～284d。常年平均风速 3.01m/s，历年最大风速 34m/s。夏季多南风或偏南风，冬季和春秋季多北风或偏北风，全年以北风出现频率最高。夏秋之际，主要受台风影响，常伴有局部暴雨洪水灾害。

2.2.2 降雨

流域年均降雨量 1129～2165mm，年降雨天数为 138～183d，受气候及地形影响，全省雨量时空分布不均匀。从空间分布来看，多雨中心在赣东、赣东北地区，少雨中心在鄱阳湖北岸和吉泰盆地；从时间分布来看，4—9 月降雨量占全年降雨量的 7 成。降雨量年际变化大，如 1998 年、2020 年流域平均降雨量为 2042mm、1812mm，发生了罕见的洪涝灾害。1963 年、1978 年流域平均降雨量仅为 1129mm、1235mm，发生了少见的干旱。

2.2.3 径流与水资源

江西省河川常年平均径流总量 1385 亿 m³，折合平均径流深 828mm。受降雨的时程分配的影响，鄱阳湖流域径流量变化规律具有明显的区域性和季节性，同时在地区和时程分配上极不均匀。径流的年内分配大体为：1—3 月占 14%～17%，4—6 月 53%～60%，7—9 月 18%～22%，10—12 月 6%～10%。径流最大月一般出现在 5 月或 6 月，各河径流最大月占全年径流量的 22% 左右；径流最小月一般出现在 12 月或 1 月，各河径流最小月占全年径流量的 3% 以下。鄱阳湖流域水资源丰富，全省常年平均水资源总量 1565 亿 m³。

2.3 暴雨洪水

暴雨是我省主要灾害性天气之一，以 4—8 月出现较多。暴雨中心主要在赣东北、赣西北地区，暴雨过程一般持续 1～2d，个别年份暴雨带南北摆动，持续 10d 以上，如 1962年 6 月、1998 年 7 月。暴雨强度一般为 50～100mm/d，少数暴雨达 100～200mm/d，最大暴雨达 300～500mm/d。

鄱阳湖流域各河流主汛期大致在 4—7 月，各站洪峰流量和最大洪量出现时间多在 5月、6 月，干流各站一次洪水过程多表现为峰高量大，复峰约占 50%～60%，历时一般为15～20d，单峰上游出现较多，历时一般为 1～3d。由于暴雨带的南北摆动，暴雨范围大、持续时间长，往往下游鄱阳湖的洪水为几条河流的洪水同时组成。鄱阳湖又是一个通江湖泊，易与长江洪水遭遇形成峰高量大的全流域大洪水，如 1954 年、1973 年、1983 年、1998 年、2020 年大洪水等。

2.4 河道演变

受自然、气候变化和人类活动的影响，五河尾闾河流的来水来沙情况逐渐发生变化，长江和鄱阳湖之间的水沙交换也发生了改变，致使鄱阳湖及尾闾河流明显的水位变化和其他一系列的河道演变。

1. 赣江

赣江从南昌市开始，相继分为主支、北支、中支以及南支。主支瓜洲段的边滩向下游偏移，联庄段的心滩淤积扩大，昌邑段下游的左汊淤积，心洲逐渐向左靠岸；北支官港河蒋埠段右汊淤积，左汊成为主河道，河道呈左偏趋势；中支滕州村段岸线变顺直，南窑村段的左汊萎缩消失，右汊成为主河道，楼前段下游河段有向北移的趋势。整体上看，主支有江面缩小、河滩扩大的趋势。

2. 抚河

抚河下游以李家渡水文站为起点，过柴埠口进入赣抚平原，至箭江口抚河分为东、西两支，东支为主流经青岚湖入鄱阳湖；西支大部经向塘、武阳镇回归主流。李家渡与下邹村段心滩下移，河道萎缩变窄并向北偏，下游段向左岸移动；温家圳下游段河道向右岸偏移明显；兴隆段上游由 1973 年的弯曲河型演变为 2009 年的顺直河型；北坊段右汊萎缩，心滩淤积扩大成为边滩；河道入青岚湖处生成了大片心洲，石山村段心洲扩增，右汊萎缩。

3. 信江

信江在余干县大溪渡附近分为东、西两支，西支于下顺塘经韩家湖入鄱阳湖，东支于富裕闸经晚湖入鄱阳湖。信江岸线整体较为稳定，仅中山镇段与瑞洪段的三塘河断流，其西栋段从 1973 年的边滩变成 2009 年的心洲，变化较大，其原因为 1977 年余干县西河治理时，堵塞了三塘河进出口，在禾山和大都堵塞了寨上河，在貔皮岭和大淮堵塞了分洪道。此外信江西河茶垣段向左岸偏移，洲上段河流右岸受到冲刷，江坊段河流变顺直。

4. 饶河

饶河有南、北二支，北支称昌江河，南支称乐安河，两河于鄱阳县姚公渡汇合，曲折西流，在鄱阳县莲湖附近注入鄱阳湖。根据对比结果，饶河下游近 40 年来总体变化不大，仅昌江古县渡河段的江心洲略有缩减，左汊北移，昌江南汊略向东北偏移；石镇街河段右汊有拓宽趋势；饶河段局部略有北弯趋势。

5. 修河

修河自永修县柘林镇以下进入下游区。永修县县城以下为滨湖圩区，最大支流潦河于山下渡汇入修河，然后经三角乡、大湖池、朱市湖，最后自吴城注入鄱阳湖。修河岸线艾城段与三角乡段变化较明显，艾城河段心滩西向偏移，右汊向右岸侵蚀；三角乡及其下游河段均向左岸侵蚀，河道拓宽；朱市湖河段左岸线向北偏移，河道展宽，并伴有心滩出现。

2.5 重要水利工程

2.5.1 流域内重要水库

2020 年鄱阳湖流域已建有万安、峡江、柘林和廖坊等大型水利枢纽及一大批中小型水利枢纽，这些水利工程在流域防汛抗旱工作中成效显著，为江西省经济社会发展提供了有力的安全保障。在奋战 2020 年鄱阳湖流域性大洪水中，江西省防汛抗旱指挥部（以下简称"省防指"）、省水利厅通过科学调度水利工程进行拦洪滞洪、削峰、错峰，充分减轻了河道及湖区的防洪压力，降低了洪涝灾害损失，下面按流域内水库进行简介。

1. 赣江

经过常年规划建设，赣江流域已形成梯级调度水库群。赣州以下的赣江中下游流域建有万安、峡江、江口 3 座大型防洪水库，是赣江中下游地区防洪体系的骨干工程，配合泉港分蓄洪区共同防御赣东大堤、南昌市和赣江中下游洪水。

万安水库位于赣江中游万安县城以上 2km，控制流域面积 36900km²，以发电为主，兼有防洪、航运、灌溉等综合效益，校核洪水位 100.70m（吴淞高程，下同），设计洪水位 100.00m，防洪高水位 93.60m，正常蓄水位 96.00m，主汛期防洪限制水位为 85.00～88.00m，水库总库容 17.3 亿 m³，防洪库容 5.7 亿 m³。防洪保护对象主要为南昌市和赣东大堤，设计拟定赣东大堤防洪标准为 50 年一遇，防洪设计代表站为石上水位站，设计防洪作用主要是配合现有堤防和泉港分洪区联合运用，解决赣江中下游遭遇 50 年一遇洪水的安全度汛问题。通过万安水库防洪调度，可将赣东大堤防洪标准提高到 50 年一遇。

峡江水利枢纽工程位于赣江中游下段，控制流域面积 62710km²，是一座以防洪、发电、航运为主，兼顾灌溉等综合利用水利枢纽工程。设计洪水位、校核洪水位、防洪高水位均为 49.00m，正常蓄水位 46.00m，主汛期防洪限制水位为 43.50～44.50m，总库容 11.9 亿 m³，防洪库容 6.7 亿 m³，与泉港分蓄洪区配合使用，可使坝址下游的南昌市昌南城区和昌北主城区的防洪标准由 100 年一遇提高到 200 年一遇，赣东大堤和南昌市昌北单独防护的小片区防洪堤防洪标准由 50 年一遇提高到 100 年一遇。

江口水库为赣江下游左岸一级支流袁水控制性水利枢纽工程，控制流域面积 3900km²，以发电为主，兼有防洪、灌溉、供水、水产养殖、旅游等综合效益，校核洪水位 76.26m，设计洪水位 73.54m，防洪高水位 74.00m，正常蓄水位 69.50m，主汛期汛限水位 68.50m，水库总库容 8.9 亿 m³，防洪库容 3.9 亿 m³，通过调蓄可与干流洪水形成拦洪削峰作用。

2020 年，已建的石虎塘航电枢纽、井冈山航电枢纽均、新干航电枢纽、龙头山水库不承担防洪任务，但其调度运行对上下游有一定的影响。泉港分蓄洪工程是赣江下游综合防洪工程体系的重要组成部分，与峡江水利枢纽工程联合运用，可以提高赣江下游尤其是赣东大堤及南昌市的防洪标准。此外，赣江流域还建有上犹江、长冈、上游、社上、南车、团结、东谷、龙潭、白云山、油罗口、山口岩、老营盘、飞剑潭、新干等多座大型水库；支流乌江上建有返步桥中型水库。

2. 抚河

抚河流域建有廖坊、洪门两座大型水库。廖坊水库位于抚河干流中游峡谷河段，控制流域面积 7060km²，以防洪、灌溉为主，兼顾发电、供水、航运，校核洪水位 68.44m，设计洪水位 67.94m，防洪高水位 67.94m，正常蓄水位 65.00m，主汛期汛限水位 61.00m，水库总库容 4.3 亿 m³，防洪库容 3.0 亿 m³。对保护南昌、抚州等城市和京九铁路、昌福铁路、浙赣铁路、福银高速、黎温高速、316 国道等重要交通干线的安全具有重要作用。

洪门水库控制流域面积 2376km²，以发电为主，兼顾防洪、灌溉等综合效益，校核洪水位 107.20m，设计洪水位 103.52m，正常蓄水位 100.00m，主汛期汛限水位 99.00m，水库总库容 12.1 亿 m³。箭江口分洪闸位于抚西大堤中段，是抚河下游干流上的一座重要防洪工程，也是赣抚平原水利工程体系中的重要工程之一。抚河流域内其他中型水库大多不承担防洪，未设置专门的防洪库容。

3. 信江

信江干流无控制性防洪水库工程。已建的七一、大坳等水库的开发任务主要是灌溉和发电，且控制流域面积较小，对流域整体的防洪作用较为有限；界牌航电枢纽主要任务为航运；建设中的伦潭水库位于支流杨村水中游，虽有较大防洪库容，但控制流域面积较小。

4. 饶河

饶河目前已建共产主义水库、滨田水库和浯溪口水利枢纽。其中共产主义水库和滨田水库分别位于饶河支流昌江、乐安河的支流上游，控制流域面积较小。共产主义水库主要任务以灌溉为主，滨田水库虽有一定防洪库容，但对下游河道防洪作用十分有限。

浯溪口水利枢纽位于昌江上游，是昌江干流中游一座以防洪为主，兼顾供水、发电等的综合利用工程。坝址控制流域面积为 2915km²，校核洪水位 64.30m，设计洪水位 62.30m，防洪高水位 62.30m，正常蓄水位 56.00m，主汛期汛限水位 50.00m，总库容 4.8 亿 m³，防洪库容 3.0 亿 m³。

5. 修河

柘林水库位于修河中游末端，是修河流域尾闾地区主要防洪工程措施，以发电为主，兼有防洪、灌溉、航运等综合效益，坝址控制流域面积 9340km^2，校核洪水位 73.01m，设计洪水位 70.13m，防洪高水位 65.00m，正常蓄水位 65.00m，主汛期汛限水位 63.50m，总库容 79.2 亿 m^3，防洪库容 17.1 亿 m^3。流域内同时建有东津、大垅两座大型水库，分别位于修河上游支流东津水、武宁乡水上，在实际调度过程中可起到错峰、削减洪量的作用。罗湾、洪屏、小湾水库位于北潦河支流上，对北潦河洪水具有一定的调节作用。流域内其他水库由于集水面积和库容都较小，开发任务大多以发电、灌溉为主，对水库下游局部河段有滞洪作用。

2.5.2 圩堤

江西省堤防主要分布在五河干流中下游、长江沿岸及鄱阳湖滨湖地区。全省保护耕地面积千亩以上圩堤（不含单双退圩堤）共有 890 座，堤线总长 6922.2km，保护面积 10810.9km^2，保护耕地 7248km^2，保护人口 1169.9 万人。全省单双退圩堤共有 417 座，堤线总长 1113.23km。其中单退圩堤 240 座，堤线总长 683.9km，圩内面积 720km^2。

鄱阳湖区圩堤数量众多，是鄱阳湖区工程防洪体系的基础和主体，肩负着保护湖区人民生命财产安全的防洪任务。据统计，湖区保护耕地面积 66.67km^2 以上的圩堤共有 288 座，堤线总长近 3000km。根据《鄱阳湖区综合治理规划》，保护耕地面积 5 万亩以上、保护县城或圩内有机场、铁路等重要设施的圩堤为重点圩堤，其他圩堤为一般圩堤。现阶段纳入《鄱阳湖区综合治理规划》的保护耕地面积 200km^2 以上的圩堤共 155 座，堤线总长 2460km，保护耕地 3907hm^2，保护人口 694 万人，其中重点圩堤 46 座、一般圩堤 109 座。

鄱阳湖区设有康山、珠湖、黄湖、方洲斜塘 4 处国家级蓄滞洪区，可蓄滞洪水 26.84 亿 m^3。康山蓄滞洪区规划为重要蓄滞洪区，珠湖、黄湖、方洲斜塘为一般蓄滞洪区。康山蓄滞洪区位于鄱阳湖东南岸、余干县西北部，是江西省最大的蓄滞洪区，蓄洪面积 312.37km^2，有效蓄洪容积 16.58 亿 m^3，占全省蓄滞洪总量的 61.8%，区内以湖积平原洼地为主，有 6 个乡镇场，常住人口 10 万余人，规划采取临时扒口进洪措施，建有梅溪咀、大湖口、里溪 3 座泄水闸和锣鼓山大型排涝泵站。

2.6 水文站网

经过常年规划、调整和充实，鄱阳湖流域已形成了相对稳定的基本水文站网。截至 2021 年 4 月底，全省共有各类水文测站 8550 处，包括水文（流量）站 251 处（含辅助站 8 处）、悬移质泥沙站 29 处、泥沙颗粒分析站 13 处、水位站 1349 处、降雨量站 4348 处、蒸发站 71 处、地下水水位站 128 处、地下水水温 128 处、地下水水质站 128 处、地表水水质站（断面）463 处、水生态站（断面）113 处、大气降雨水质站 107 处、土壤墒情站 503 处、水温站 26 处、辅助气象站 15 处、取水量（户）站 878 处。现设的水文站网功能涵盖防汛抗旱、生态监测、水资源管理、水土保持监测等各方面。鄱阳湖流域水系及基本水文站点分布如图 2-1 所示。

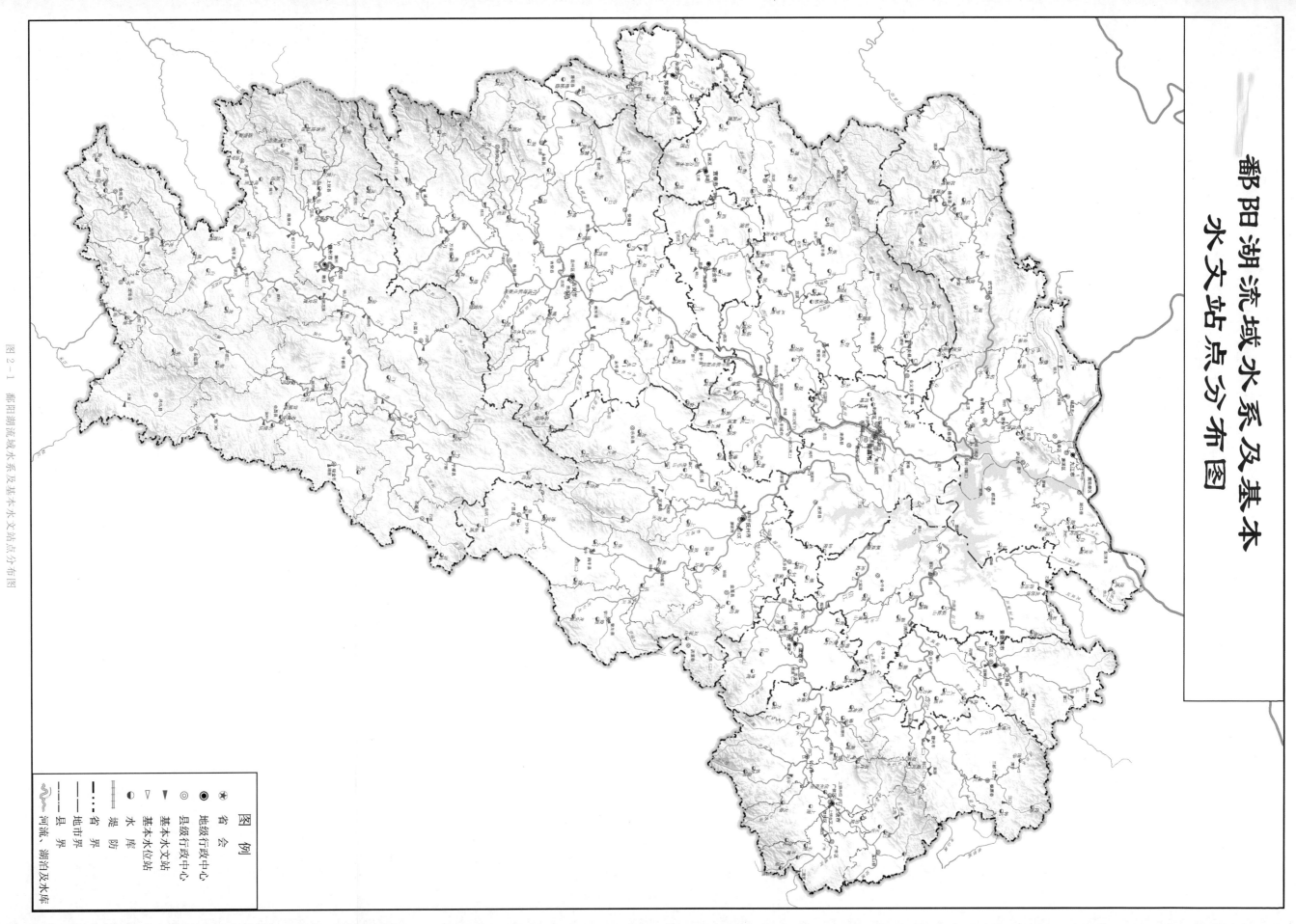

图 2-1 鄱阳湖流域水系及基本水文站总分布图

鄱阳湖流域水系及基本水文站点分布图

图例

* 省会
◎ 地级行政中心
⊙ 县级行政中心
▽ 基本水文站
▼ 基本水位站
◗ 水库
—— 堤防
—— 省界
—— 地市界
······ 县界
〰 河流、湖泊及水库

第 3 章

暴 雨 分 析

3.1 降雨概述

受厄尔尼诺事件、西太平洋副热带高压偏强等气候因素影响，2020年江西省年平均降雨量1812mm，较常年同期偏多1成，饶河、修河、鄱阳湖区偏多2~3成，信江偏多超1成，赣江、抚河偏多近1成。全年共发生43次降雨过程，11次强降雨过程，其中6—7月强降雨过程5次。降雨时间分布异常不均，总体呈现"多—少—多—少"的分布，其中1—3月偏多近4成，4—5月偏少2成，6—9月偏多4成，10—12月偏少5成。尤其在7月上旬，受江南梅雨带影响，连续发生两次强降雨过程，上旬全省平均降雨量221mm，为常年同期近4倍，列有纪录以来第1位，暴雨中心主要集中在信江、饶河、修河、赣江中下游等区域，呈现总量大、强度大、持续时间长、笼罩面积广、雨带稳定的特点。

3.2 典型暴雨过程

2020年鄱阳湖流域主要强降雨过程出现在7月。受江南梅雨带影响，7月上旬鄱阳湖流域连续发生两次强降雨过程，暴雨中心主要集中在信江、饶河、修河、赣江中下游等区域。上旬全省平均降雨量221mm，为常年同期近4倍，列有纪录以来第1位，其中南昌、九江、上饶、宜春、景德镇5个地市均列有纪录以来第1位，是常年4~6倍。

第1次强降雨过程为7月2日8时—6日2时，全省平均降雨量57mm。暴雨中心主要集中在饶河、修河及鄱阳湖区，赣北降雨量100~250mm，局部降雨量达250~350mm，赣中降雨量50~100mm，鄱阳湖区降雨量96mm，最大点雨量为德兴市德兴站350mm。此次强降雨过程共83县3685站降雨量超过50mm，笼罩面积6.21万km²；共62县1955站降雨量超过100mm，笼罩面积3.56万km²；共8县68站降雨量超过250mm，笼罩面积0.29万km²。江西省7月2—6日降雨量实况如图3-1所示。

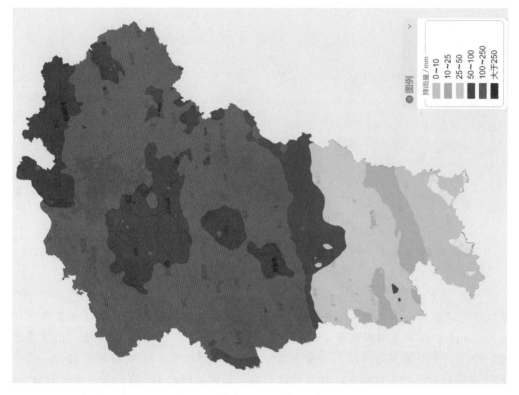

图 3 - 2 江西省 7 月 6—10 日降雨量实况图

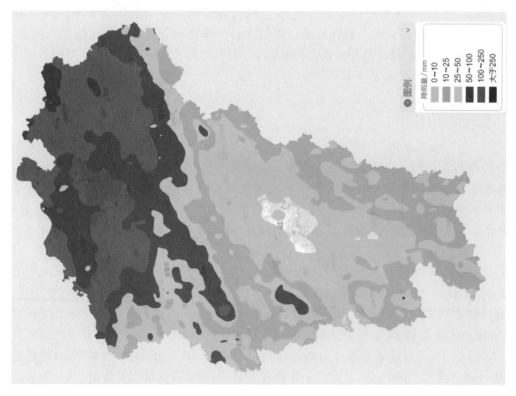

图 3 - 1 江西省 7 月 2—6 日降雨量实况图

16

第 2 次强降雨过程为 7 月 6 日 8 时—10 日 22 时，暴雨带由赣北向赣中逐渐移动，全省平均降雨量 164mm。7 日暴雨主要集中在赣江下游、修河、饶河及鄱阳湖区，8 日在赣江下游、饶河上游、信江及抚河，9 日在赣江中游及抚河，10 日在赣江下游。6—10 日，省内大部地区降雨量接近甚至超纪录，仅 7 日一天，全省就有 15 站降雨量超过 400mm。最大点雨量为三清山南索道站 603mm。此次强降雨过程共 89 县 3140 站降雨量超过 50mm，笼罩面积 13.01 万 km^2；共 80 县 2803 站降雨量超过 100mm，笼罩面积 11.88 万 km^2；共 58 县 837 站降雨量超过 250mm，笼罩面积 3.13 万 km^2。江西省 7 月 6—10 日降雨量实况如图 3-2 所示。

3.3 暴雨特点

2020 年 7 月鄱阳湖流域暴雨主要呈现以下 3 个方面特点：

1. 暴雨过程持续时间长，总量大

7 月 2—10 日鄱阳湖流域连续出现两次强降雨过程，暴雨时间长达 9d，日降雨量 50mm 以上、笼罩面积接近或超过 1 万 km^2 的天数有 7d；全省平均降雨量 219mm，为常年同期近 4 倍，居有纪录以来第 1 位，9d 降雨量占江西省多年平均降雨量（1638mm）的 13%，主暴雨区赣北、赣中多地降雨量达到 700mm 以上。

2. 暴雨笼罩面积大，雨带稳定

7 月 2—5 日，暴雨笼罩面积达 6.22 万 km^2，占江西省国土面积（16.69 万 km^2）的 37%，大暴雨笼罩面积 3.56 万 km^2；6—10 日，暴雨笼罩面积达 12.72 万 km^2，占全省国土面积的 76%，大暴雨笼罩面积 11.46 万 km^2，占全省国土面积的 69%，特大暴雨笼罩面积 3.35 万 km^2。两次强降雨过程暴雨中心均主要位于赣北、赣中，雨带稳定。其中 2—5 日赣北累计降雨量 100～250mm，赣中累计降雨量 50～100mm，局部降雨量达 250～350mm；6—10 日赣北累计降雨量 210～270mm，赣中累计降雨量 160～210mm，局部降雨量高达 400～700mm。

3. 暴雨强度大，多地降雨出现极值

7 月上旬流域内暴雨强度大，多站创有纪录以来极值。最大 1h 降雨量为泰和县洲尾站 95.0mm，列本站有纪录以来第 1 位，重现期 50 年。最大 3h、6h、12h、24h 降雨量均出现在吉安县田埠站，分别为 216.0mm、300.0mm、434.5mm、464.5mm，重现期超 100 年。吉安县永和站 3h、6h、12h、24h 降雨量分别为 186.0mm、269.0mm、374.0mm、390.5mm，列有纪录以来第 1 位，重现期超 100 年。吉安县敦厚站 3h 降雨量 186.5mm，列有纪录以来第 1 位，重现期超 100 年。

3.4 暴雨成因

2020 年江西梅雨入梅早、出梅晚，梅雨期（5 月 29 日—7 月 11 日）全省降雨量 593mm，较常年偏多近 7 成，列有纪录以来第 2 位，梅雨期长达 44d。7 月上旬暴雨出现原因，主要是与西太平洋副热带高压和冷空气活动、低层低涡切变线、低空西南急流和水汽输送等因素相关。本节对 2020 年极端天气出现的气候背景、天气系统进行简析。

3.4.1 气候背景

1. 弱厄尔尼诺事件

2019—2020 年，赤道中东太平洋发生了一次弱厄尔尼诺事件。本次事件始于 2019 年 11 月，于 2020 年 3 月结束，持续 5 个月。2019—2020 年厄尔尼诺事件对应的 Niño3.4 区海温距平指数、南方涛动指数（SOI）的逐月演变如图 3-3 所示。

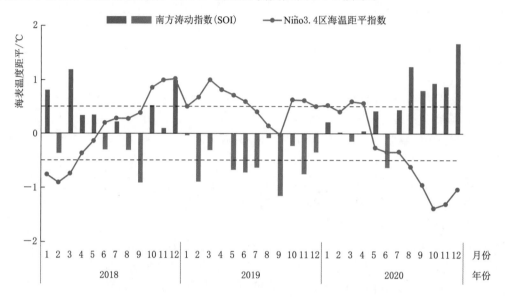

图 3-3 2019—2020 年厄尔尼诺事件对应的 Niño3.4 区海温
距平指数、南方涛动指数（SOI）的逐月演变图

在本次厄尔尼诺事件中，热带大气环流对海温的响应主要体现为中部型厄尔尼诺的影响特征，即大气异常上升运动主要在中西太平洋，同时北印度洋海温异常偏暖，综合导致 5—7 月西太平洋副热带高压显著偏强、面积偏大、西伸脊点偏西，导致南方暖湿气流异常偏强。与此同时，中高纬度经向环流发展、冷涡活跃，冷空气南下势力偏强，导致冷暖空气在长江中下游及江南北部不断交汇，造成鄱阳湖流域梅雨量明显偏多。

2. 西太平洋副热带高压异常偏强，位置前期偏北、后期偏南

2020 年西太平洋副热带高压强度持续偏强、面积持续偏大，西伸脊点持续偏西，这些特征为鄱阳湖流域梅雨期内强降雨的发生提供了充沛的暖湿气流，是鄱阳湖流域出现暴雨的最主要原因。

2020 年西太平洋副热带高压脊线的南北位置存在明显的阶段性变化特征，5 月下旬末到 6 月中旬中为阶段性南北摆动，并以位置总体偏北为主，其中 5 月末副高越过北纬 18°，促使鄱阳湖流域入梅明显偏早，5 月 29 日—6 月 10 日出现了第一个雨期；6 月下旬到 7 月出现持续性偏南，导致鄱阳湖流域入梅以来出现多轮强降雨，出梅异常偏晚，6 月 18 日—7 月 11 日鄱阳湖流域出现第二个雨期。

1951—2020 年 5—7 月西太平洋副高指数历年变化如图 3-4 所示。

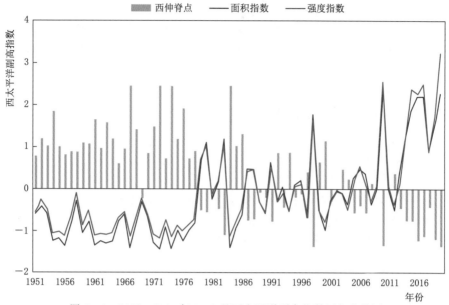

图 3-4　1951—2020 年 5—7 月西太平洋副高指数历年变化图

3. 高原积雪明显偏多，夏季风异常偏弱

2019 年冬季青藏高原积雪面积和日数都异常偏多，至 2020 年夏季，受太阳辐射融雪影响，大气对流层内水汽量更为丰富，中纬度地区对流层上层冷暖空气交换活跃，中高纬度阻塞形势容易出现，西太平洋副热带高压偏强但位置偏南，有利于鄱阳湖流域汛期降雨偏多。

2020 年东亚副热带夏季风强度异常偏弱，有利于东亚夏季中高纬度有阻塞高压型势，西太平洋副高位置偏南，西太平洋中纬度地区位势高度偏低，梅雨锋强度偏强，雨带位置偏南，鄱阳湖流域梅雨锋区降雨比常年偏多。

1951—2020 年东亚副热带夏季风强度指数历年变化如图 3-5 所示。

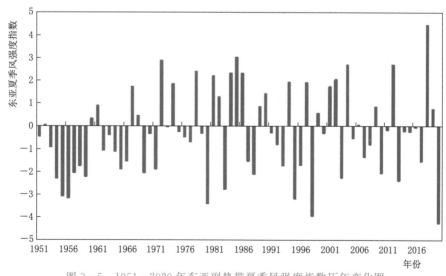

图 3-5　1951—2020 年东亚副热带夏季风强度指数历年变化图

4. 台风影响个数少，7 月出现空台

台风个数少，西太平洋副热带高压不容易北抬。2020 年台风生成个数偏少，其中 7 月在南海和西北太平洋无台风生成，刷新最低生成纪录。常年影响鄱阳湖流域的台风平均为 3～6 个，2020 年台风个数明显偏少，仅 8 月受 2 个台风外围影响，且影响程度均偏轻。台风少，西太平洋副热带高压易偏强，西伸北抬缓慢，是 2020 年 7 月西太平洋副热带高压和我国主要雨带偏南的重要原因之一。

3.4.2　天气系统

1. 西太平洋副热带高压

我国东部夏季降雨雨带分布与西太平洋副热带高压的南北位置有很好的对应关系，西太副高在 6 月中旬和 7 月中旬前后的两次显著北跳是梅雨开始和结束的标志。2020 年西太副高持续偏强、偏大、偏西，自 5 月起西太平洋副热带高压脊线的南北位置存在明显的阶段性变化特征，5 月 30 日左右西太平洋副热带高压第一次北抬，副高脊线移到至北纬 21°以北，较常年同期明显偏北，这是导致 2020 年江南地区入梅偏早的主要原因之一。6 月 24 日开始西太平洋副热带高压第 3 次北抬，6 月 25 日—7 月 10 日期间西太副高主体稳定位于长江中下游及其以南地区（副高脊线稳定维持在北纬 22°～27°之间），强度较常年同期强度偏强，位置显著偏西，为长江中下游地区出现持续性强降雨过程提供了非常有利的环流条件，导致 6 月底至 7 月上旬鄱阳湖流域出现 3 轮强降雨，且强降雨区重叠性高，出梅较常年偏晚。

2020 年西太平洋副热带高压脊线位置逐日演变如图 3-6 所示。

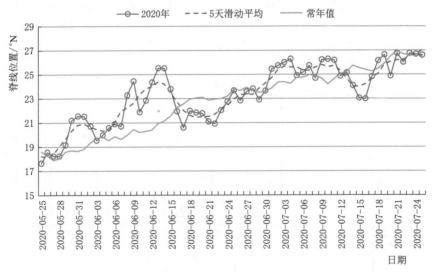

图 3-6　2020 年西太平洋副热带高压脊线位置逐日演变图

2. 中高纬阻塞高压和冷空气活动

阻塞高压是造成中高纬大气环流异常的一个主要环流系统，它的长时间维持会带来持续的气候异常。2020 年江西梅雨期间，欧亚中高纬环流经向度大，阻高活动频繁，主要表现为鄂霍次克海阻高（东阻）和乌拉尔山阻高（西阻）的形式，有时以"双阻型"出现，有时以"单阻型"出现。

中高纬出现"双阻型"的环流特征在第一个雨期（5月29日—6月11日）平均的500hPa位势高度场上表现明显。欧亚中高纬地区为"两脊一槽"分布，高压脊分别位于乌拉尔山和鄂霍次克海附近，贝加尔湖附近为宽广的低压槽，中高纬度维持稳定的"双阻型"形势，大尺度经向环流形势有利于冷空气南下活动，西太平洋副热带高压偏强偏西，副高脊线位置较常年偏北，其北界位于我国华南地区南部，贝加尔湖附近低压槽的冷空气南下与副高西北侧的暖湿气流交汇于江南和华南地区，使得这些地区辐合抬升偏强，造成6月上旬鄱阳湖流域的极端降雨，这种"双阻型"形势也是典型的江西梅雨偏常年的天气形势。

6月10日，东北亚低压槽开始发展，鄂霍次克海阻高逐渐减弱。11日，乌拉尔山高压脊逐渐崩溃。13日，贝加尔湖高压脊逐渐发展。第一个雨期的"双阻型"环流特征逐渐消失，"单阻型"逐渐建立。中高纬出现"单阻型"环流特征在第二个雨期（6月18日—7月11日）平均的500hPa位势高度场上表现明显。此时欧亚中高纬为"两槽一脊"的分布形势，即贝加尔湖附近为一个高压脊，西西伯利亚至西亚地区、鄂霍次克海至我国华东地区分别存在一个明显的低压槽。该低压槽后的冷空气从东北亚向南，压制西太副高不容易北跳，副高西脊点位于东经110°附近，较常年显著偏西，副高西段脊线仍然位于北纬20°附近，较常年偏南2~3个纬度，副高北侧的梅雨锋位于长江中下游地区，稳定少动的西太副高和贝加尔湖阻塞高压有利于梅雨锋在长江中下游地区持续地维持。

2020年梅雨期大气环流形势示意如图3-7所示。

3. 其他要素

除以上天气系统外，影响暴雨的因素还有低层低涡切变线、低空西南急流等。切变线是指风向或风速的不连续线，实际上也是两种相互对立气流间的交界线，切变线附近有很强的辐合，常有降雨天气产生。大气热力和动力不稳定性表明，如果某种触发条件导致低层辐合抬升，对流将迅速发展，最直接的触发条件就是低层的低涡切变线。2020年鄱阳湖流域梅雨期间的降雨过程，主要影响系统都包含低层低涡切变线。低空西南急流是强水汽输送带，为梅雨期间的暴雨过程提供必要的水汽条件和不稳定能量。2020年梅雨期间，有5次主要的降雨过程的主要影响系统都包含低层西南急流。低空西南急流的活跃，使得低层水汽输送一次次加强、辐合上升运动反复发展，从而导致梅雨在鄱阳湖流域长时间持续，并且暴雨过程也频频发生。

3.4.3 暴雨过程天气形势

2020年7月2—5日和6—10日赣北、赣中遭遇连续两次强降雨袭击，局部还出现特大暴雨，由于降雨强度大、极端性显著、影响范围广，导致江西中北部地区出现严重汛情和城乡内涝，现就这两次暴雨过程的成因作简要分析。

1. 西太平洋副热带高压和冷空气活动

500hPa位势高度场上西太副高主体稳定位于长江中下游及以南地区（副高西脊点平均位于东经110°附近，东经120°附近副高脊线稳定维持在北纬21°附近）配合高空低槽东移，南下冷空气与副高外围暖湿气流稳定交汇在长江中下游地区，为这两次暴雨过程提供了良好的天气形势。7月2—5日的暴雨过程发生前，欧亚中高纬环流呈"两槽一脊"分布型，西西伯利亚、俄罗斯远东地区至我国华北、黄淮等地分别存在一个明显的低压槽，

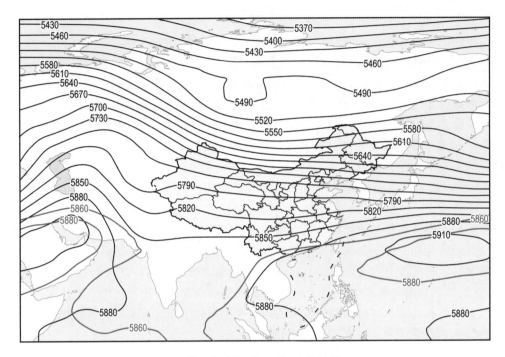

（a）第一个雨期 5 月 29 日—6 月 11 日

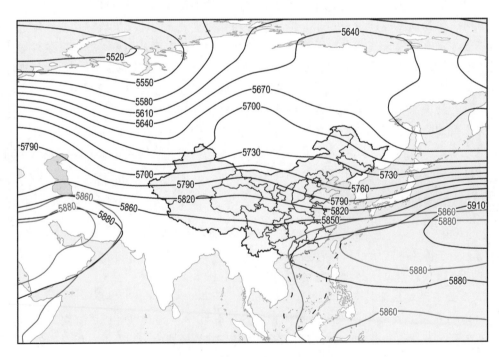

（b）第二个雨期 6 月 18 日—7 月 11 日

图 3-7　2020 年梅雨期大气环流形势示意图（红线为气候平均场的 588 线）

贝加尔湖西部有一个阻塞高压，该阻高在此次暴雨过程中持续减弱、崩溃，在阻高崩溃过程中，其东侧东亚沿岸低槽发展，冷空气势力也比较强。中纬度锋区较平直，西太平洋副热带高压西脊点位于东经126°附近，较常年略偏东，东经120°附近脊线位于北纬23°，较常年略偏南。7月2日开始，副高西伸北抬，控制西南至华南大部分地区；5日，副高短暂地南撤东退；6日起，副高重新西伸北抬，与大陆高压连通，控制我国南方地区；8日，伴随着高空低槽东移，高空冷平流南下，副高分裂成两部分，副高588线退至海上。在这两次暴雨过程中，鄱阳湖流域始终位于副高西北侧的西南暖湿气流中；10日，随着副高再次西伸北抬和高原短波槽东移，长江中下游地区的降雨范围减小，强度减弱，7月上旬的持续性强降雨过程结束。

2020年7月1日、3日、6日和8日500hPa位势高度场如图3-8所示。

2020年7月1日、2日、5日、6日、8日和10日副高588线如图3-9所示。

2. 低层低涡切变线、低空西南急流和水汽输送

低层低涡切变线稳定地维持在长江中下游地区，鄱阳湖流域位于低空西南急流北面的水汽辐合区，为这两次暴雨过程提供了充分的低层辐合和水汽输送条件。7月3日，在贝加尔湖附近阻塞高压逐渐崩溃的过程中，其东侧低槽发展，冷空气南下，在长江中下游地区与副高西北侧的西南暖湿气流形成切变线。由于这个低槽位置偏北，其南侧的长江中下游地区为平直环流控制，切变线在低空急流边缘呈准东西向分布。虽然之后副高位置变化，先短暂地南撤东退，然后西伸北抬，但低层切变线稳定地维持在长江中下游地区，长江中下游地区处于切变辐合区内。

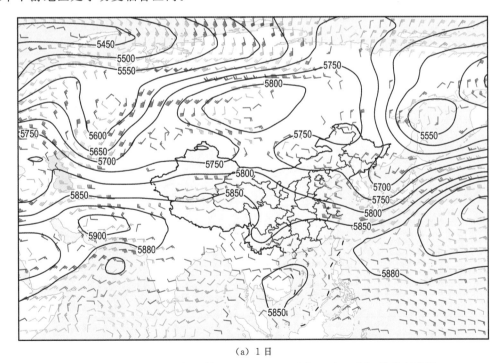

（a）1日

图3-8（一）　2020年7月1日、3日、6日和8日500hPa位势高度场

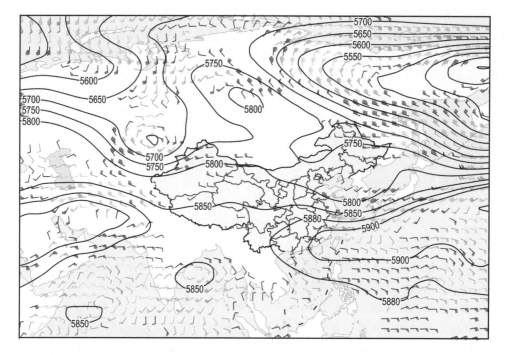

（b）3 日

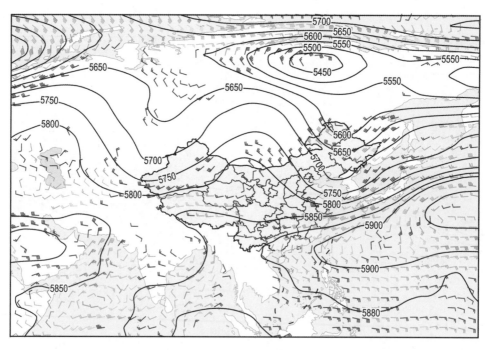

（c）6 日

图 3-8（二） 2020 年 7 月 1 日、3 日、6 日和 8 日 500hPa 位势高度场

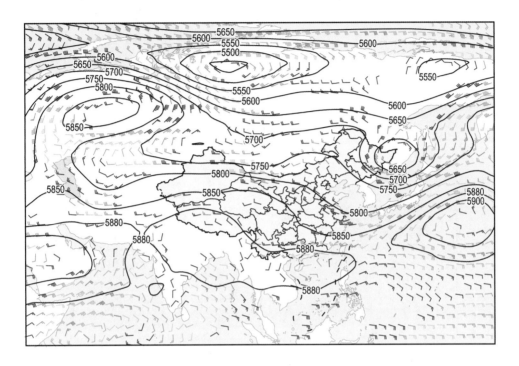

(d) 8日

图 3-8（三）　2020 年 7 月 1 日、3 日、6 日和 8 日 500hPa 位势高度场

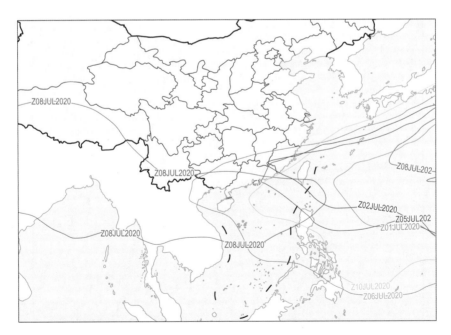

图 3-9　2020 年 7 月 1 日、2 日、5 日、6 日、8 日和 10 日副高 588 线

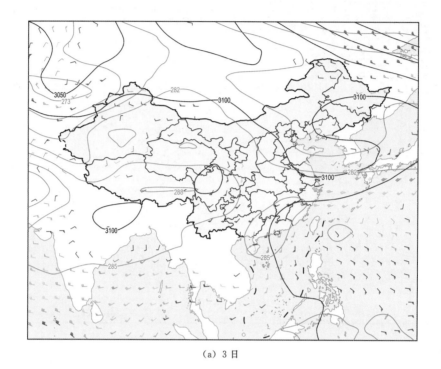

（a）3 日

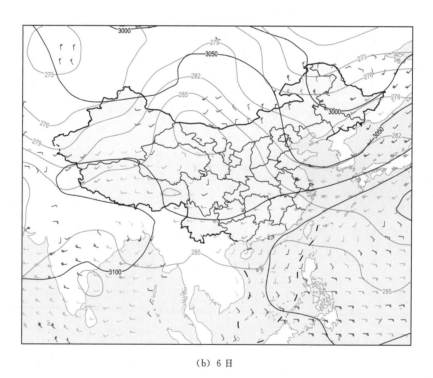

（b）6 日

图 3-10　2020 年 7 月 3 日、6 日 700hPa 位势高度场及温度场

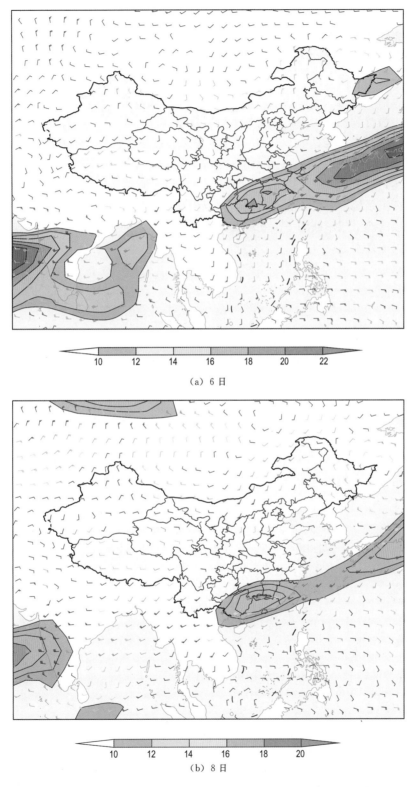

(a) 6 日

(b) 8 日

图 3 - 11 2020 年 7 月 6 日、8 日 850hPa 风场

2020 年江西梅雨期间低空西南急流非常活跃。7 月 4 日起，低空西南急流在江南华南维持，6 日起，副高重新西伸北抬，其边缘低层西南急流迅速发展，并于当日 850hPa 低空急流强度达最强，整个江南均在 12m/s 以上，急流中心风速达 16～18m/s，并且长时间维持。这条低层西南急流的加强，将阿拉伯海、孟加拉湾和南海的暖湿气流输送到江南地区，为持续强降雨提供必要的水汽条件，西南急流北侧的经向风强梯度带，使得水汽在此强烈辐合，为持续强降雨提供必要的上升运动条件。

2020 年 7 月 3 日、6 日 700hPa 位势高度场及温度场如图 3 - 10 所示，2020 年 7 月 6 日、8 日 850hPa 风场如图 3 - 11 所示。

综上所述，7 月上旬两次暴雨过程期间，中高纬环流总体表现为"两槽一脊"型，几个关键大气环流系统平均位置相对稳定，东亚沿岸低槽活跃，冷空气势力较强。沿西北路径或东北路径的冷空气不断南下，在鄱阳湖流域与偏活跃的低空西南急流频繁交汇，导致这两次强降雨的发生。

3.5　暴雨频率

7 月上旬，暴雨主要集中在饶河、修河、信江、赣江中下游等区域，多站不同历时暴雨超 100 年一遇。吉安县田塅、敦厚、永和站，贵溪市天华山站最大 3h 降雨量超 100 年一遇；吉安县田塅、永和站，青原区芳洲站，鄱阳县莲花山站最大 6h 降雨量超 100 年一遇；吉安县田塅、永和站，青原区芳洲站，婺源县鄣山站最大 12h 降雨量超 100 年一遇；吉安县田塅、永和站，青原区芳洲站，彭泽县杨梓、天红站，鄱阳县莲花山站最大 24h 降雨量超 100 年一遇。

浮梁县、彭泽县最大 24h 降雨量分别为 279mm、264mm，均达 50 年一遇；吉州区最大 24h（269mm）降雨量超 100 年一遇。2020 年 7 月上旬短历时强降雨频率分析见表 3 - 1。

表 3 - 1　　　　　　　　　2020 年 7 月上旬短历时强降雨频率分析表

历　时	站　名	县　名	降雨量/mm	频　率
最大 1h	洲尾	泰和县	95.0	50 年一遇
最大 3h	田塅	吉安县	216.0	超 100 年一遇
	敦厚	吉安县	186.5	超 100 年一遇
	永和	吉安县	186.0	超 100 年一遇
	天华山	贵溪市	183.0	超 100 年一遇
最大 6h	田塅	吉安县	300.0	超 100 年一遇
	永和	吉安县	269.0	超 100 年一遇
	芳洲	青原区	260.0	超 100 年一遇
	莲花山	鄱阳县	235.0	超 100 年一遇
	杨梓	彭泽县	194.0	超 50 年一遇
	天红	彭泽县	169.0	超 50 年一遇

续表

历 时	站 名	县 名	降雨量/mm	频 率
最大 12h	田塅	吉安县	434.5	超 100 年一遇
	永和	吉安县	374.0	超 100 年一遇
	芳洲	青原区	372.0	超 100 年一遇
	鄣山	婺源县	286.0	超 100 年一遇
最大 24h	田塅	吉安县	464.5	超 100 年一遇
	杨梓	彭泽县	408.0	超 100 年一遇
	芳洲	青原区	396.5	超 100 年一遇
	莲花山	鄱阳县	393.0	超 100 年一遇
	永和	吉安县	390.5	超 100 年一遇
	天红	彭泽县	340.0	超 100 年一遇

3.6 与典型年暴雨比较

1954 年、1998 年、2010 年、2016 年均为鄱阳湖流域汛情较为严重的洪水年份，这些典型年份暴雨过程强度大、笼罩面积范围广，降雨主要集中在赣江中下游、抚河、信江、饶河、修河、鄱阳湖区，2020 年也出现与上述典型年较为相似的雨水情。

通过对比发现，2020 年与各典型年形成暴雨的气候背景不尽相同，但赤道太平洋海表温度均表现为异常，中高纬地区多数形成了阻塞高压，副热带高压多数偏强，夏季风多数偏弱，雨带位置相应偏南。这些年份形成暴雨的天气系统相似，为形成暴雨提供了有利条件。本节主要从气候背景、典型致洪暴雨过程及综合比较等方面进行分析。

3.6.1 1954 年

1. 气候背景

1954 年，西太平洋副热带高压全年持续偏弱，赤道东太平洋形成一次超强拉尼娜事件；6 月西风带出现了“双阻型”形势，乌拉尔山和鄂霍次克海地区维持强大而稳定的高压，南支西风槽经常在沿江流域一带活动，东亚地区 500hPa 高度距平场分布出现了典型的“＋－＋”距平分布，都是 1954 年降雨偏多的环流原因。

2. 典型致洪暴雨比较

1954 年 6 月 22—28 日全省平均降雨量 155mm，降雨中心主要位于饶河、修河、鄱阳湖区，宜春市降雨量 274mm 最大，排常年同期第 1 位，县（市、区）中以铜鼓县降雨量 349.6mm 最大。过程累积降雨量大于 250mm 的笼罩面积约 2.6 万 km^2，占江西省国土面积的 16％；降雨量 100～250mm 笼罩面积约为 10.8 万 km^2，占江西省国土面积的 65％；降雨量 50～100mm 笼罩面积约为 3.3 万 km^2，占江西省国土面积的 20％。点最大雨量为宜黄县店下站 365.9mm。江西省 1954 年 6 月 22—29 日降雨量实况如图 3－12 所示。

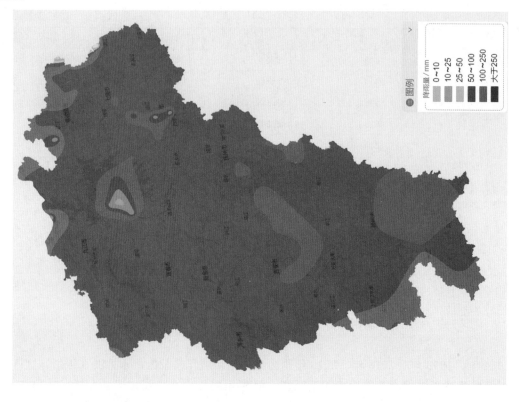

图 3 - 13 江西省 1998 年 6 月 12—27 日降雨量实况图

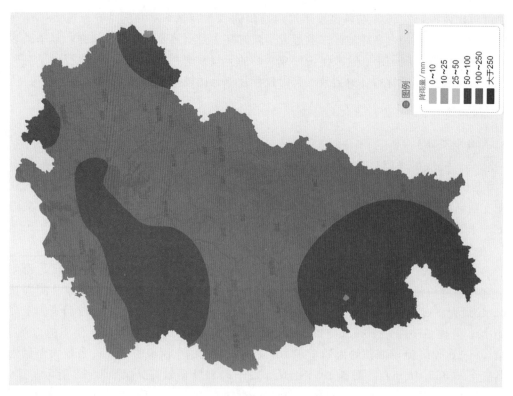

图 3 - 12 江西省 1954 年 6 月 22—29 日降雨量实况图

3.6.2　1998 年

1. 气候背景

1997 年，赤道东太平洋形成了超强厄尔尼诺事件，为这次长江流域洪水提供了有利的气候背景。1998 年，汛期乌拉尔山和东亚中高纬地区出现了强而稳定的阻塞高压形势，亚洲地区多为"两脊一槽"型，东亚西风带上短波槽活动频繁出现。亚洲中高纬地区出现阻塞高压是梅雨期的典型环流形势之一。西太平洋副高压持续偏南、强度偏强、面积偏大，且南北摆动，是造成鄱阳湖流域降雨偏多、暴雨洪水频发的重要原因。

2. 典型致洪暴雨过程

1998 年 6 月 12—26 日，全省平均降雨量 441mm，降雨中心主要位于赣江下游、抚河、信江、饶河、修河、鄱阳湖区，过程累积降雨量大于 400mm 的笼罩面积约 9.95 万 km²，占江西省国土面积的 60%；过程累积降雨量大于 600mm 的笼罩面积约为 3.37 万 km²，占江西省国土面积的 21%；最大点雨量为铅山大岩站 1264mm，6 月全省累积降雨量 518.4mm，为有纪录以来第 2 位。江西省 1998 年 6 月 12—27 日降雨量实况如图 3-13 所示。

1998 年 7 月 17 日—8 月 1 日，全省平均降雨量 231mm，强降雨中心主要位于昌江、乐安河、修河流域，过程累积降雨量大于 400mm 的笼罩面积约为 4.5 万 km²，占江西省国土面积的 27%；过程累积降雨量大于 600mm 的笼罩面积约为 1.15 万 km²，占江西省国土面积的 7%；最大点雨量为浮梁县深渡站 970mm，7 月全省累积降雨量 256.8mm，为有纪录以来第 4 位。江西省 1998 年 7 月 17 日—8 月 2 日降雨量实况如图 3-14 所示。

3.6.3　2010 年

1. 气候背景

2010 年，南海夏季风爆发偏晚，强度偏弱，东亚副热带夏季风也异常偏弱，长江中下游梅雨入梅偏晚，出梅偏晚。由于厄尔尼诺事件的滞后效应，6 月西太平洋副热带高压脊线异常偏南，使得我国东部主要雨带维持在华南、江南地区，全省降雨偏多。7 月中旬之前，副高脊线较常年平均异常偏南，造成长江中下游地区入梅偏晚，使得 6 月中旬至 7 月上旬主要多雨带位于江南北部，7 月到 8 月初，乌拉尔山附近地区一直维持明显的阻塞形势，有利于高纬度冷空气的向南输送，加之 7 月中旬副高的进一步北抬，造成江西省 6—7 月降雨强度大，洪涝严重。

2. 典型致洪暴雨过程

2010 年 6 月 16—24 日全省平均降雨量为 256mm，降雨中心主要位于赣江、抚河、信江流域，抚河流域平均降雨量 449mm，信江流域平均降雨量 404mm，赣江流域平均降雨量 268mm。过程累积降雨量大于 250mm 的笼罩面积约 6.0 万 km²，占江西省国土面积的 36%；过程累积降雨量 100~250mm 笼罩面积约为 4.0 万 km²，占江西省国土面积的 24%；过程累积降雨量 50~100mm 笼罩面积约为 1.1 万 km²，占江西省国土面积的 7%。最大点雨量为黎川县茶亭站 1010.5mm。江西省 2010 年 6 月 16—25 日降雨量实况如图 3-15 所示。

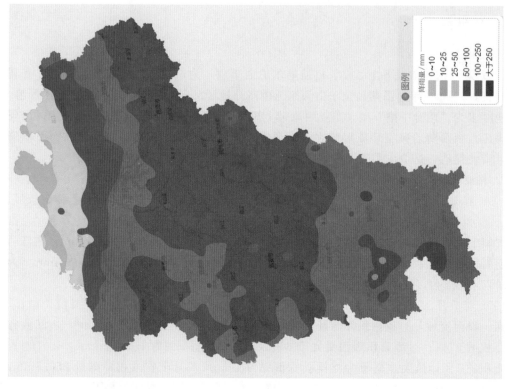

图 3-15 江西省 2010 年 6 月 16—25 日降雨量实况图

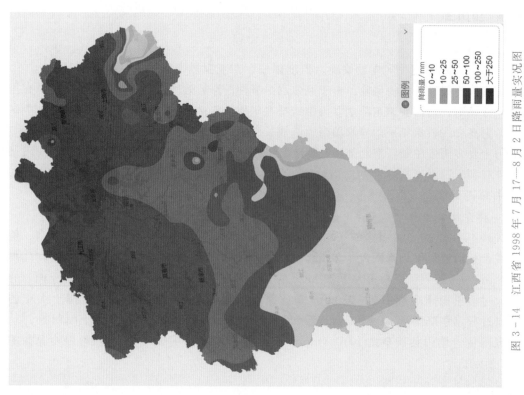

图 3-14 江西省 1998 年 7 月 17—8 月 2 日降雨量实况图

3.6.4　2016 年

1. 气候背景

受厄尔尼诺事件影响，2016 年夏季处于超强厄尔尼诺事件的衰减年，西太副高自 2015 年秋季开始就表现出持续偏强、偏西的特征，并且在 2015—2016 年冬季副高强度达到有纪录以来最强。同时，中高纬度环流呈"西低东高"型，乌拉尔山高压脊偏弱，阻高形势偏强，使夏季主要多雨带主要位于长江流域，导致江西省降雨偏多。

2. 典型致洪暴雨过程

2016 年 7 月 2—5 日全省平均降雨量为 48mm，降雨主要集中在修河、饶河、鄱阳湖区。修河流域平均降雨量 219mm，昌江流域平均降雨量 146mm，鄱阳湖区平均降雨量 109mm。过程累积降雨量大于 250mm 的笼罩面积约 0.95 万 km²，占江西省国土面积的

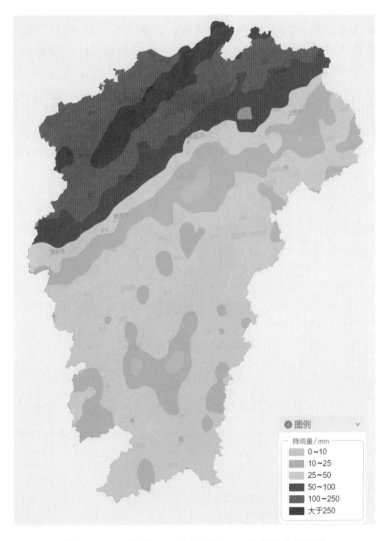

图 3-16　江西省 2016 年 7 月 2—6 日降雨量实况图

6%；过程累积降雨量 100～250mm 笼罩面积约为 2.6 万 km²，占江西省国土面积的 16%；过程累积降雨量 50～100mm 笼罩面积约为 1.5 万 km²，占江西省国土面积的 9%。最大点雨量为彭泽县棉船站 465mm，1h 最大降雨量为九江市金家榜站 73mm。江西省 2016 年 7 月 2—6 日降雨量实况如图 3-16 所示。

3.6.5 综合比较

从形成暴雨的气象背景和天气系统来看，各典型年虽气候背景不尽相同，但赤道太平洋海表温度均表现为异常，中高纬地区多数形成了阻塞高压，副热带高压多数偏强，夏季风多数偏弱，雨带位置相应偏南，形成暴雨的天气系统相似，均是形成暴雨的有利条件。从致洪暴雨过程来看，2020 年暴雨过程（7 月 6—10 日）与 1954 年 6 月 22—28 日、1998 年 6 月 12—26 日及 2010 年 6 月 16—24 日、2016 年 7 月 2—5 日暴雨过程进行对比分析，5 次典型暴雨过程强度均为暴雨～大暴雨，强雨带重叠区域位于赣中、赣北及湖区，且雨带稳定少动，暴雨历时除 1998 年达到了 15d 外，其余典型年均在 4～9d。典型年致洪暴雨过程气候背景和天气系统比较见表 3-2，典型年致洪暴雨过程比较见表 3-3。

表 3-2　　　　　　　典型年致洪暴雨过程气候背景和天气系统比较

年份	气 候 背 景						天 气 系 统			
	海温	极窝	阻高	副高	积雪	季风	切变、低涡或低压槽	急流	冷空气	水汽或锋
1954	超强拉尼娜			偏弱			低涡切变	低压槽	冷空气	
1998	超强厄尔尼诺		有	强、偏南	高原多	弱	西南低压倒槽	西南涡 西南急流	冷空气	水汽
2010	拉尼娜		有	异常偏强		异常偏弱			冷空气	水汽
2016	超强厄尔尼诺		有	异常偏强	高原略多	弱	低涡切变	低压槽 西风急流	冷空气	锋
2020	弱厄尔尼诺		有	异常偏强	高原多	异常偏弱	低涡切变	低压槽 西南急流	冷空气	水汽

表 3-3　　　　　　　　　　典型年致洪暴雨过程比较

项　目	1954 年	1998 年		2010 年	2016 年	2020 年
	6 月 22—28 日	6 月 12—26 日	7 月 17 日—8 月 1 日	6 月 16—24 日	7 月 2—5 日	7 月 6—10 日
降雨强度	暴雨～大暴雨	暴雨～大暴雨	暴雨～大暴雨	暴雨～大暴雨	暴雨～大暴雨	暴雨～大暴雨
全省平均降雨量/mm	155	441	231	256	48	164
过程历时/d	7	15	16	9	4	5
降雨中心	饶河、修河、鄱阳湖区	抚河、信江、饶河、修河、赣江下游、鄱阳湖区	昌江、乐安河、修河流域	抚河、信江、赣江流域	修河、昌江流域、鄱阳湖区	赣江下游、修河、饶河、信江、抚河及鄱阳湖区

续表

项　　目	1954 年	1998 年		2010 年	2016 年	2020 年
	6 月 22—28 日	6 月 12—26 日	7 月 17 日—8 月 1 日	6 月 16—24 日	7 月 2—5 日	7 月 6—10 日
最大点雨量	宜黄县店下站 365.9mm	铅山县大岩站 1264mm	浮梁县深渡站 970mm	黎川县茶亭站 1010.5mm	彭泽县棉船站 465mm	三清山南索道站 603mm
笼罩面积/万 km² 过程累积降雨量大于 250mm	2.6	13.5	6.4	6.0	0.95	3.2
过程累积降雨量 100～250mm	10.8	2.9	3.3	4.0	2.6	8.3
过程累积降雨量 50～100mm	3.3	0.28	6.8	1.1	1.5	1.2

第4章

洪 水 分 析

4.1 水情概述

2020年江西省洪涝情况严重复杂，鄱阳湖流域发生流域性大洪水，鄱阳湖星子站出现有纪录以来最高洪水位。全年编号洪水多且集中，共发生13次编号洪水，特别是7月上旬赣北、赣中连续发生两次强降雨过程，导致五河及鄱阳湖在一周内接连发生12次编号洪水。超警戒、超纪录河流多，共36条河流84站次均发生超警戒洪水，13河16站超有纪录以来最高水位（含湖区及五河尾闾地区13站），超纪录幅度0.01~1.32m。洪水量级大，修河发生1次大洪水，昌江发生2次中洪水，赣江、乐安河各发生1次中洪水，赣江下游支流锦河、抚河支流宝塘水、潦河及其3条支流发生中洪水。受五河及长江来水共同影响，鄱阳湖星子站出现有纪录以来最高水位22.63m，超警戒水位3.63m，超原纪录0.11m（1998年），超警戒时间长、涨幅大，共超警戒59d，单日最大涨幅0.65m。2020年鄱阳湖流域性大洪水水位之高、汛情之急，均超过1998年。

4.2 水情特点

2020年鄱阳湖流域性大洪水主要呈以下4个方面特点：

1. 编号洪水多且集中，超警戒河流多，洪水涨势猛

鄱阳湖流域编号洪水并发、多发，全年共发生13次编号洪水，尤其是7月上旬赣北、赣中连续发生两次强降雨过程，五河及鄱阳湖在一周内接连发生12次编号洪水（昌江4次，乐安河、赣江各2次，鄱阳湖、信江、修河、潦河各1次）。五河及鄱阳湖共36条河流84站次发生超警戒洪水，超警戒幅度0.02~7.00m（昌江樟树坑站），饶河在5d内三度全线超警戒。最大涨幅为樟树坑站10.83m，1h最大涨幅1.85m，3h最大涨幅4.51m。

2. 超纪录站点多幅度大，湖区及五河尾闾地区大范围超纪录

受强降雨影响，五河及鄱阳湖区共16个站点出现有记录以来最高水位，赣江5站、抚河1站、饶河5站、修河1站、鄱阳湖区4站，其中湖区及尾闾地区共13站，超纪录幅度0.01~1.32m（建溪水蛟潭站）。杨梓河杨梓站、太平河天红站、浪溪河浩山站均发

生超原调查纪录的洪水。

3. 洪水发生范围广、量级大

鄱阳湖流域发生流域性大洪水，修河发生1次大洪水，昌江发生2次中洪水，赣江、乐安河各发生1次中洪水，赣江下游支流锦河、抚河支流宝塘水、潦河及其3条支流发生中洪水，杨梓河、太平河、浪溪河发生超历史调查（1998年）最高洪水，昌江支流马家水发生建站以来最大洪水，修河柘林水库7月8日19时最大入库流量达 $10600\text{m}^3/\text{s}$，居有纪录以来第3位，接近30年一遇。

4. 鄱阳湖刷新有纪录以来最高水位，涨势猛洪峰高，入湖流量大

受持续强降雨影响，6月下旬开始鄱阳湖水位快速上涨，星子站20d涨幅近7m，连续8d日涨幅在0.37m以上，7月5日1时水位超警戒后仅8d达洪峰水位22.63m（12日23时），超警戒水位3.63m，超有纪录以来最高水位0.11m（1998年22.52m），单日最大涨幅0.65m，列有纪录以来第2位（1998年0.71m），22m以上高水位共维持8d。超警戒时间长，共59d，列有纪录以来第4位。五河入湖最大日均流量 $39600\text{m}^3/\text{s}$，列有纪录以来第4位，湖区水体面积较6月下旬起涨时增加近 1900km^2，容积增加近290亿 m^3。与此同时，长江1号、2号、3号洪峰先后形成，给鄱阳湖造成巨大压力，仅7月6—8日不到40h，鄱阳湖湖口站倒灌3亿 m^3，最大倒灌流量 $3160\text{m}^3/\text{s}$。

2020年江西省超记录站点统计见表4-1，2020年江西省主要控制站洪水特征值统计见表4-2。

表4-1　　　　　　　　　　　　2020年江西省超纪录站点统计表

序号	流域	河名	站名	洪峰			排位		原有纪录以来最高（大）水位（流量）
				水位/m	流量/(m³/s)	出现日期（月-日）	水位/m	流量/(m³/s)	
1	赣江	赣江南支	滁槎	23.88		7-11	1		水位23.17m，1998年8月2日
2		赣江北支	蒋埠	23.30		7-11	1		水位22.68m，1998年8月1日
3		赣江中支	楼前	23.20		7-11	1		水位22.66m，1998年6月28日
4		赣江西支	昌邑	22.66		7-12	1		水位22.54m，1998年8月2日
5			樵舍	23.37		7-11	1		水位22.63m，1982年6月20日
6	抚河	抚河尾闾	三阳	23.32		7-11	1		水位23.16m，1998年8月3日
7	饶河	饶河	古县渡	23.43		7-9		1	水位23.18m，1998年6月27日
8		东河	深渡	50.96	1890	7-8		1	水位50.59m，流量1700m³/s，2016年6月19日
9		马家水	竹岭	58.58	210	7-8		1	水位57.73m，流量109m³/s，2017年6月24日
10		建溪水	蛟潭	49.93	555	7-7		1	水位48.61m，2016年6月19日，流量429m³/s，2018年7月7日
11		饶河	鄱阳	22.75		7-12	1		水位22.61m，1998年7月30日
12	修河	修河	永修	23.63		7-11	4		水位23.48m，1998年7月31日

序号	流域	河名	站名	洪峰			排位		原有纪录以来最高（大）水位（流量）
				水位 /m	流量 /(m³/s)	出现日期 (月-日)	水位 /m	流量 /(m³/s)	
13	鄱阳湖	鄱阳湖	星子	22.63		7-12	1		水位22.52m，1998年8月2日
			康山	22.51		7-12	1		水位22.43m，1998年7月30日
			棠荫	22.58		7-12	1		水位22.57m，1998年7月30日
14		西河	石门街	30.58	2520	7-8	1	1	水位30.35m，流量2470m³/s，1998年6月26日
15		杨梓河	杨梓	51.92	160	7-8	1	1	超原调查洪水纪录，建站时间短，资料序列不长
16	长江	太平河	天红	40.64	556	7-8	1	1	超原调查洪水纪录，建站时间短，资料序列不长
		浪溪河	浩山	34.92	570	7-8	1	1	超原调查洪水纪录，建站时间短，资料序列不长

表4-2　　　　　　　　　2020年江西省主要控制站洪水特征值统计表

水系	站名	2020年			1998年		有纪录以来	
		最高水位 /m	最大流量 /(m³/s)	出现日期 (月-日)	最高水位 /m	最大流量 /(m³/s)	最高水位 /m	最大流量 /(m³/s)
赣江	外洲	24.76	19500	7-11	25.07	17200	25.60（1982年）	21500（2010年）
抚河	李家渡	30.04	7270	7-10	33.08	9950	33.08（1998年）	11100（2010年）
信江	梅港	27.66	9890	7-10	29.84	13300	29.84（1998年）	13800（2010年）
饶河	渡峰坑	33.94	8470	7-9	34.27	8600	34.27（1998年）	8600（1998年）
	虎山	30.18	7680	7-9	30.33	7640	31.18（2011年）	10100（1967年）
修河	万家埠	28.02	4490	7-9	28.58	3510	29.68（2005年）	5600（1977年）
	永修	23.63		7-11	23.48		23.63（2020年）	
	柘林	66.49	10600	7-9/7-8	67.97	8540	67.97（1998年）	12100（1955年）
鄱阳湖	星子	22.63		7-12	22.52		22.63（2020年）	
	湖口	22.49	24000	7-12/7-11	22.59	31900	22.59（1998年）	31900（1998年）

4.3　五河及支流洪水

4.3.1　赣江

7月上旬赣江流域出现两次强降雨过程。7月2—5日，赣江下游出现大到暴雨，局部特大暴雨，面平均雨量为49mm，暴雨中心主要位于赣江下游支流锦江；7月6—10日，赣江中下游再次出现暴雨到大暴雨，中游面平均雨量166mm，下游面平均雨量208mm，暴雨中心主要位于赣江中下游干流，本次降雨过程较上次降雨过程更强、覆盖范围更大。受上游来水及鄱阳湖高水顶托双重影响，赣江干流、支流锦河发生中洪水，共形成 2 次编号洪水，赣江尾闾东、西、南、北四支均发生有纪录以来最大洪水，整个洪水过程为继 2010 年后最大洪水。

1. 洪水过程

受鄱阳湖水位持续上涨的顶托影响，赣江下游南昌段及尾闾水位于 6 月底起涨，7 月 9 日起受流域强降雨影响，中下游水位起涨，南昌段及尾闾水位涨势加快，7 月 10—11 日中下游水位出峰转退，主要控制站超警戒，尾闾各站刷新有纪录以来最高水位。

此次洪水过程赣江上游涨幅不大。上游赣州站 7 月 9 日 12 时出现洪峰水位 94.47m，低警戒水位 4.53m；中游吉安站 10 日 17 时 30 分超警戒，"赣江 2020 年第 2 号洪水"于在中游形成，10 日 18 时 45 分出现洪峰水位 50.51m，超警戒水位 0.01m，洪峰流量 8580m³/s，超警戒时间 1d；下游樟树站 11 日 4 时 35 分出现洪峰水位 31.27m，低警戒水位 1.73m，洪峰流量 15500m³/s；下游外洲站 6 月 30 日起涨，7 月 10 日 16 时超警戒，"赣江 2020 年第 1 号洪水"在下游形成，11 日 17 时洪峰水位 24.76m，超警戒水位 1.26m，列有纪录第 7 高位，11 日 8 时 55 分洪峰流量 19500m³/s，与 2019 年并列有纪录以来第 5 高位，超警戒时间 4d。下游一级支流锦江高安站也出现超警戒洪水，11 日 18 时洪峰水位 31.73m，超警戒水位 0.73m，洪峰流量 3450m³/s。

赣江尾闾四支均发生有纪录以来最大洪水，南支滁槎站、中支楼前站、北支蒋埠站、西支昌邑站水位受鄱阳湖高水顶托影响于 6 月 28 日前后起涨，7 月 11—12 日相继出峰，洪峰水位分别超警戒水位 2.39m、2.70m、2.68m（蒋埠站 2020 年无警戒水位，2021 年设警戒水位 20.0m）、2.66m，分别超纪录水位 0.72m、0.54m、0.62m、0.12m，超警戒时间分别为 26d、30d、31d、35d。

2020 年 6—7 月赣江外洲站水位流量过程线如图 4-1 所示。

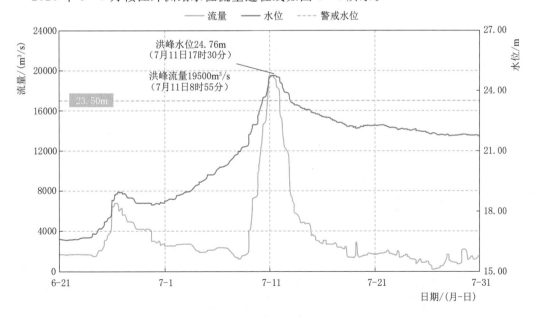

图 4-1　2020 年 6—7 月赣江外洲站水位流量过程线

2. 洪水特征

从洪水过程看，洪水对赣江下游及尾闾区域影响较大。前期鄱阳湖高水位对赣江南昌段高位顶托起了关键作用，外洲站洪峰流量与 2019 年同期洪水相近，均为 19500m³/s，但洪峰水位比 2019 年高 0.96m，足以可见顶托影响严重，外洲站最大 1d、3d、7d 洪量均超常年，尤其是最大 1d 洪量 16.5 亿 m³，接近历史。尾闾地区洪峰水位均超纪录，且高水位维持时间长，持续超警戒时间长达 1 个月，退水阶段水位变化与鄱阳湖水位变化同步。2020 年赣江洪水特征值统计见表 4 - 3，2020 年赣江主要控制站洪峰流量、洪量统计见表 4 - 4。

表 4 - 3　　　　　　　　　　　**2020 年赣江洪水特征值统计表**

| 站名 | 2020 年 | | | 历年最高 | | 警戒水位/m | 超警戒水位/m | 超警戒时间/d | 超纪录水位/m |
	最高水位/m	最大流量/(m³/s)	出现日期/（月-日）	最高水位/m	最大流量/(m³/s)				
赣州	94.47		7 - 9	103.29 (1964)		99.00	—	—	—
吉安	50.51	8580	7 - 10	54.05 (1962)	19600 (1962)	50.50	0.01	1	—
樟树	31.27	15500	7 - 11	34.72 (1982)	19100 (2010)	33.00	—	—	—
外洲	24.76	19500	7 - 11	25.60 (1982)	21500 (2010)	23.50	1.26	4	—
南昌	24.58		7 - 11	24.8 (1982)		23.00	1.58	5	—
滁槎	23.89		7 - 11	23.17 (1998)		21.50	2.39	26	0.72
楼前	23.2		7 - 11	22.66 (1998)		20.50	2.70	30	0.54
蒋埠	23.3		7 - 11	22.68 (1998)		20.50	2.80	31	0.62
昌邑	22.66		7 - 12	22.54 (1998)		20.00	2.66	35	0.12

表 4 - 4　　　　　　　　　　**2020 年赣江主要控制站洪峰流量、洪量统计表**

| 项　目 | 吉　安 | | | 樟　树 | | | 外　洲 | | |
	2020 年	历史最高值	常年均值	2020 年	历史最高值	常年均值	2020 年	历史最高值	常年均值
最大流量/(m³/s)	8580	19600	10000	15500	19100	11208	19500	21500	11970
1d 洪量/亿 m³	6.264	14.69	6.86	12.10	15.90	9.25	16.50	18.32	10.15
3d 洪量/亿 m³	16.48	38.97	18.73	28.42	45.36	25.5	39.20	51.67	28.63
7d 洪量/亿 m³	31.28	81.48	35.2	45.89	102.6	49.6	56.80	113.5	56.19
15d 洪量/亿 m³	53.23	128.0	57.07	74.63	162.7	82.4	82.50	184.0	96.92
30d 洪量/亿 m³	81.95	175.7	90.63	105.8	203.8	130.7	118.0	235.6	154.4

4.3.2　抚河

抚河流域降雨集中于 7 月 8—10 日，流域内出现暴雨～大暴雨，流域平均降雨量 180mm。受强降雨影响，抚河干支流水位出现不同程度上涨，干流未发生超警戒洪水，支流共 4 站发生超警戒洪水，超警戒幅度 0.15～2.08m（宝塘水公溪站），支流宝塘水发生中洪水。受鄱阳湖高水位和上游来水共同影响，抚河尾闾三阳站出现有纪录以来最高水位。

1. 洪水过程

受强降雨影响，抚河干流水位发生明显上涨，抚河廖家湾站 7 月 10 日 12 时 20 分洪峰水位 39.70m，低警戒水位 1.60m，洪峰流量 4410m³/s；李家渡站 7 月 11 日 0 时洪峰水位 30.04m，低警戒水位 0.46m，洪峰流量 7270m³/s；温家圳站洪峰水位 26.74m，低警戒水位 0.76m。

抚河一级支流临水部分河段共 4 站发生超警戒洪水。娄家村站 7 月 10 日 13 时 42 分洪峰水位 38.14m，低警戒水位 0.66m，洪峰流量 2570m³/s；宝塘水公溪站 10 日 10 时 30 分洪峰水位 84.58m，超警戒水位 2.08m，洪峰流量 1040m³/s，超警戒时间 24d，洪水重现期约 10 年，量级为中洪水；相水马口站 10 日 2 时洪峰水位 79.15m，超警戒水位 0.15m，洪峰流量 476m³/s，超警戒时间 4h；崇仁水崇仁站 10 日 14 时洪峰水位 54.28m，超警戒水位 0.28m，洪峰流量 1540m³/s，超警戒时间 11h；延桥水马圩站 10 日 23 时 22 分洪峰水位 34.94m，超警戒水位 0.94m，洪峰流量 414m³/s，超警戒时间 72h。

抚河尾闾三阳站 6 月 22 日起涨，至 7 月 11 日 22 时洪峰水位 23.32m，超警戒水位 2.32m，超有纪录以来最高水位 0.16m，超警戒时间 36d。

2020 年 6—7 月抚河李家渡站水位流量过程线如图 4-2 所示。

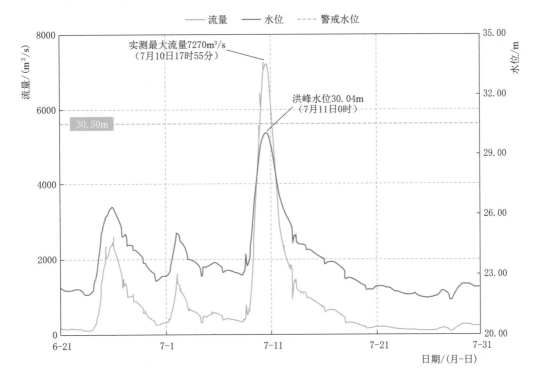

图 4-2　2020 年 6—7 月抚河李家渡站水位流量过程线

2. 洪水特点

此次洪水过程对抚河干流影响不大,支流发生 4 站超警戒洪水。尾闾三阳站出现有纪录以来最高水位,其原因主要是其受上游来水及鄱阳湖高水位顶托影响。2020 年抚河洪水特征值统计见表 4 - 5。

表 4 - 5　　　　　　　　　　**2020 年抚河洪水特征值统计表**

站名	2020 年			历年最高		警戒水位/m	超警戒水位/m	超警戒时间	超纪录水位/m
	最高水位/m	最大流量/(m³/s)	出现日期/(月-日)	最高水位/m	最大流量/(m³/s)				
公溪	84.58	1040	7 - 10	86.31 (1969)	2650 (1969)	82.5	2.08	24h	—
马口	79.15	476	7 - 10	81.91 (1969)	865 (1969)	79	0.15	4h	—
崇仁	54.28	1540	7 - 10	56.88 (1969)		54	0.28	11h	—
马圩	34.94	414	7 - 11	35.32 (1998)	726 (1998)	34	0.94	72h	—
廖家湾	39.71	4430	7 - 10	42.78 (1982)	7330 (2010)	41.3	—	—	—
娄家村	38.14	2570	7 - 10	41.51 (2010)	4640 (2010)	38.8	—	—	—
李家渡	30.04	7270	7 - 10	33.08 (1998)	11100 (2010)	30.5	—	—	—
温家圳	26.74		7 - 11	29.68 (1968)		27.5			
三阳	23.32		7 - 11	23.16 (1998)		21	2.32	36d	0.16

4.3.3　信江

7 月上旬信江流域出现两次强降雨过程。2—5 日,信江出现大到暴雨,局部特大暴雨,面平均雨量 80mm,暴雨中心主要位于信江下游;6—10 日,信江再次出现暴雨到大暴雨,面平均雨量 216mm,暴雨中心基本覆盖整个流域。降雨过程强度大、覆盖范围广,受持续强降雨影响,信江发生 1 次编号洪水,信江干流全线超警戒。

1. 洪水过程

上游玉山站 7 月 9 日 10 时洪峰水位 79.17m,超警戒水位 1.17m,涨幅 3.36m,列有纪录以来第 3 位,超警戒时间 19h;上饶水位站受水利工程调蓄影响,9 日 6 时洪峰水位 65.90m,仅低于警戒水位 0.10m。

中游河口水位站 9 日 14 时洪峰水位 52.03m,超警戒水位 0.03m,涨幅 6.61m,超警戒时间 1h;弋阳站 7 月 9 日 5 时 40 分超警戒,"信江 2020 年第 1 号洪水"于在中游形成,9 日 20 时洪峰水位 45.47m,超警戒水位 1.47m,涨幅 7.16m,洪峰流量 6530m³/s,超警戒时间 26h;贵溪站 9 日 19 时洪峰水位 36.00m,超警戒水位 2.00m,涨幅 4.92m,超警戒时间 42h;鹰潭站 10 日 3 时洪峰水位 31.41m,超警戒水位 1.41m,涨幅 4.95m,超警戒时间 40h。

下游梅港站 7 月 7 日 16 时 21.17m 起涨,10 日 7 时洪峰水位 27.66m,超警戒水位 1.66m,涨幅 6.49m,洪峰流量 9890m³/s,超警戒时间 26h;大溪渡水位站 10 日 8 时洪峰水位 26.11m,超警戒水位 2.61m,水位涨幅 5.03m,超警戒时间近 5d。

支流白塔河也出现一次较大洪水过程:上游柏泉站两度超警戒,9 日 11 时洪峰水位 159.08m,超警戒水位 1.08m,洪峰流量 932m³/s,16 时水位从 158.65m 开始复涨,18 时洪峰水位 159.30m,超警戒水位 1.30m,洪峰流量 1060m³/s;中游圳上站 9 日 11 时洪峰水位78.48m，洪峰流量2580m³/s；耙石水位站9日20时洪峰水位32.59m，超警戒水位1.59m，超警戒时间32h。

2020年7月信江梅港站水位流量过程线如图4-3所示。

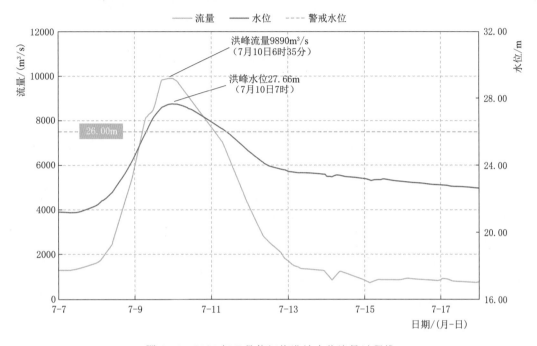

图4-3 2020年7月信江梅港站水位流量过程线

2. 洪水特征

信江洪水过程为全流域洪水，弋阳至梅港区间面积为6782km²（含白塔河），中游弋阳站以上来水占下游梅港站洪量的48%，区间来水量占52%。从洪水洪量统计上来看，弋阳、梅港站各特征洪量均大于常年均值，尤其是梅港站最大1d、3d洪量达8.15亿m³、20.33亿m³。2020年信江洪水特征值统计见表4-6，2020年信江最大流量、洪量统计表4-7。

表4-6 2020年信江洪水特征值统计表

站名	2020年			历年最高		警戒水位/m	超警戒水位/m	超警戒时间	超纪录水位/m
	最高水位/m	最大流量/(m³/s)	出现日期/（月-日）	最高水位/m	最大流量/(m³/s)				
玉山	79.17		7-9	80.17 (1998)		78	1.17	19h	—
上饶	65.90		7-9	69.39 (1955)		66	—	—	—
河口	52.03		7-9	55.08 (1955)		52	0.03	1h	—
弋阳	45.48	6530	7-9	47.93 (1955)	11000 (1955)	44	1.47	26h	—
贵溪	36.00		7-9	38.38 (1998)		34.5	1.5	42h	—
鹰潭	31.41		7-10	33.99 (1998)		30	1.41	40h	—
耙石	32.59		7-9	35.23 (2010)		31	1.59	32h	—
梅港	27.66	9890	7-10	29.84 (1998)	13800 (2010)	26	1.66	26h	—
大溪渡	26.11		7-10	26.72 (1998)		23.50	2.61	111h	—

表 4-7 2020 年信江最大流量、洪量统计表

项 目	弋 阳			梅 港		
	2020 年	历史最高值	常年均值	2020 年	历史最高值	常年均值
最大流量/(m³/s)	6530	9410	5330	9890	13800	7060
1d 洪量/亿 m³	4.850	7.670	3.890	8.150	10.45	5.680
3d 洪量/亿 m³	10.72	18.89	8.900	20.33	29.81	14.79
7d 洪量/亿 m³	15.14	38.49	14.23	28.46	64.51	24.87
15d 洪量/亿 m³	24.15	66.61	22.49	45.03	122.65	37.69
30d 洪量/亿 m³	29.70	72.55	31.07	56.69	135.83	53.05

4.3.4 饶河

2020 年 7 月鄱阳湖流域两次强降雨过程暴雨中心均位于饶河流域。2—5 日，饶河降大暴雨～特大暴雨，流域平均降雨量为 202mm，暴雨中心主要位于乐安河上游及昌江中游，最大点雨量为德兴市银山站 340mm。6—10 日，饶河再降暴雨～特大暴雨，流域平均降雨量为 271mm，暴雨中心位于昌江中上游，最大点雨量为浮梁县王屋下站 588mm。受持续强降雨影响，7 月昌江、乐安河分别出现 4 次、2 次编号洪水，饶河古县渡～鄱阳段出现有纪录以来最高水位，昌江渡峰坑站和乐安河婺源站均出现有纪录以来第 2 高水位，虎山站出现了有纪录以来第 4 高水位，部分中小河流出现建站以来最高水位。

4.3.4.1 昌江

1. 洪水过程

上游潭口站于 7 月 6 日起涨，7 日 19 时 45 分洪峰水位 62.36m，超警戒水位 4.36m，洪峰流量 4580m³/s，水位回落后至 58.44m 后复涨，9 日 1 时 25 分洪峰水位 62.61m，超警戒水位 4.61m，洪峰流量 4670m³/s，超警戒时间 61h。

中游樟树坑站 7 月 3 日 12 时水位涨至警戒水位 34.5m，"昌江 2020 年第 1 号洪水"在中游形成，4 日 0 时 40 分洪峰水位 36.16m，超警戒水位 1.66m，洪峰流量 3020m³/s，超警戒时间 20h；水位回落至 32.62m 后复涨，4 日 20 时"昌江 2020 年第 2 号洪水"形成，5 日 2 时 40 分洪峰水位 35.48m，超警戒水位 0.98m，洪峰流量 2710m³/s，超警戒时间 34h；7 日 6 时 10 分水位从 30.66m 再度复涨，7 日 10 时"昌江 2020 年第 3 号洪水"形成，8 日 0 时 10 分洪峰水位 41.49m，超警戒水位 6.99m，洪峰流量 6290m³/s，8 日 16 时再次复涨，"昌江 2020 年第 4 号洪水"形成，9 日 2 时 05 分洪峰水位 40.83m，超警戒水位 6.33m，洪峰流量 4470m³/s，超警戒时间 66h。过程最大涨幅 10.83m，1h 最大涨幅 1.85m，3h 最大涨幅 4.51m。

下游渡峰坑站 7 月 4 日 4 时洪峰水位 29.17m，超警戒水位 0.67m，洪峰流量 4020m³/s；4 日 14 时 35 分复涨，5 日 4 时洪峰水位 28.75m，超警戒水位 0.25m，洪峰流量 3720m³/s；7 日 8 时再次起涨，8 日 2 时 35 分洪峰水位 33.13m，超警戒水位 4.63m，洪峰流量 7640m³/s；8 日 16 时 50 分再度复涨，9 日 5 时 09 分洪峰水位 33.94m，超警戒水位 5.44m，列有纪录以来第 2 高水位，洪峰流量 8470m³/s，超警戒时间 64h。

下游古县渡站 7 月 9 日 19 时洪峰水位 23.43m，超警戒水位 3.93m，居有纪录以来第 1 位，过程涨幅 3.51m，受上游来水及鄱阳湖高位顶托影响，超警戒时间近 42d。

尾闾鄱阳站 6 月 30 日起涨，7 月 12 日 8 时 22.75m 的洪峰水位，超警戒水位 3.25m，超 1998 年原最高纪录 0.14m。受上游来水及鄱阳湖高位顶托影响，超警戒时间超 42d。

昌江部分支流水位超记录。一级支流东河深渡站 7 月 7 日 4 时开始起涨，8 日 21 时 20 分洪峰水位 50.96m，洪峰流量 1890m³/s，水位、流量均为 1958 年有纪录以来第 1 位；东河支流马家水竹岭站 7 月 7 日 2 时开始起涨，8 日 16 时 45 分洪峰水位 58.58m，洪峰流量 210m³/s，水位、流量均为 1982 年有纪录以来第 1 位；一级支流建溪水蛟潭站 7 月 7 日 4 时起涨，7 日 17 时 50 分洪峰水位 49.93m，洪峰流量 555m³/s，过程总涨幅 6.43m，1h 最大涨幅 0.99m，水位、流量均为 1982 年有纪录以来第 1 位。此外，支流小北港九龙站、西河洪源站、南河新厂站等中小河流站均刷新有纪录以来最高水位。2020 年 7 月昌江渡峰坑站水位流量过程线如图 4 - 4 所示。

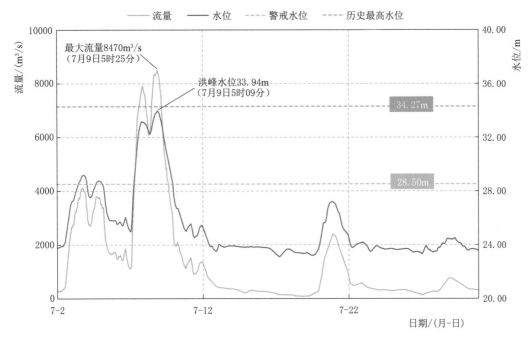

图 4 - 4 2020 年 7 月昌江渡峰坑站水位流量过程线

2. 洪水特征

昌江在 5d 内形成 4 次编号洪水，中游 3 号洪水最大，下游 4 号洪水最大。7 月 2—4 日，强雨带在流域内来回摆动，昌江 2020 年第 1 号、2 号洪水相继出现，上游来水为洪水的主要组成部分。6 日流域内雨带自北向南摆动，形成第 3 号洪水。8 日起流域又被新一轮强降雨席卷，此轮暴雨中心位于中下游地区，第 4 号洪水形成，多条中小河流出现超有纪录洪水。受浯溪口水利枢纽调蓄后，受东河、西河和南河来水影响，渡峰坑站出现仅低于 1998 年 0.33m 的洪峰水位，最大 7d、15d、30d 洪量均超历史，最大 1d、3d 洪量接近历史；下游古县渡站 9 日出现超过 1998 年纪录 0.25m 的高水位，鄱阳站 12 日出现超过 1998 年纪录

0.14m 的高水位；受上游来水及鄱阳湖高位顶托影响，尾闾站点超警戒时间近一个半月。2020 年昌江洪水特征值统计见表 4-8，2020 年昌江最大流量、洪量统计见表 4-9。

表 4-8   2020 年昌江洪水特征值统计表

| 站名 | 2020 年 | | | 历年最高 | | 警戒水位/m | 超警戒水位/m | 超警戒时间 | 超纪录水位/m |
	最高水位/m	最大流量/(m³/s)	出现日期/(月-日)	最高水位/m	最大流量/(m³/s)				
潭口	62.61	4670	7-9	62.94 (1996)	4990 (1996)	58	4.61	61h	—
樟树坑	41.49	6290	7-8	42.53 (1998)	5640 (2016)	34.5	6.99	120h	—
渡峰坑	33.94	8470	7-9	34.27 (1998)	8600 (1998)	28.5	5.44	64h	—
古县渡	23.43		7-9	23.18 (1998)		19.5	3.93	42d	0.25
鄱阳	22.75		7-12	22.61 (1998)		19.5	3.25	42d	0.14

表 4-9   2020 年昌江最大流量、洪量统计表

| 项目 | 潭口 | | | 樟树坑 | | | 渡峰坑 | | |
	2020 年	历史最高值	常年均值	2020 年	历史最高值	常年均值	2020 年	历史最高值	常年均值
最大流量/(m³/s)	4670	4990	54.7	6290	5640	98.4	8470	8600	150
1d 洪量/亿 m³	2.307	3.210	1.292	3.836	4.000	2.180	6.229	7.060	2.820
3d 洪量/亿 m³	5.080	6.260	2.490	10.20	6.903	4.195	14.98	15.43	5.780
7d 洪量/亿 m³	8.885	10.05	3.488	16.50	10.38	5.884	24.17	21.90	8.520
15d 洪量/亿 m³	11.65	12.16	4.746	21.20	13.86	8.162	31.36	27.68	11.93
30d 洪量/亿 m³	15.81	14.70	6.191	26.83	19.67	10.84	39.56	40.02	16.60

4.3.4.2 乐安河

1. 洪水过程

上游婺源站于 7 月 3 日、4 日、7 日、9 日连续四度超警戒。7 月 2 日 9 时起涨，过程最高水位为 9 日 1 时 10 分 62.75m，超警戒水位 4.75m，列有纪录以来第 2 位（64.54m，2017 年 6 月 24 日），洪峰流量 3720m³/s，重现期约 30 年，超警戒时间近 21h，过程涨幅 8.28m。

中游香屯站于 7 月 4 日、5 日、8 日、9 日四度超警。7 月 2 日 10 时起涨，3 日 19 时、8 日 1 时分别形成乐安河 2020 年第 2、3 号洪水，过程最高水位为 9 日 11 时 42.73m，超警戒水位 4.73m，列有纪录以来第 4 位，洪峰流量 7170m³/s，超警戒时间 47h，过程涨幅 10.03m。控制站虎山站 2020 年第 1 次超警洪水发生于 6 月 3 日，3 日 20 时"乐安河 2020 年第 1 号洪水"形成，22 时洪峰水位 26.08m，超警戒水位 0.08m，洪峰流量 3850m³/s，超警戒时间近 30h；受 7 月上旬强降雨影响，虎山站 7 月 2 日开始起涨，4 日 9 时 20 分洪峰水位 27.65m，超警戒水位 1.65m，洪峰流量 5160m³/s，超警戒时间 49h；7 日 18 时再次复涨，9 日 19 时 22 分洪峰水位 30.18m，超警戒水位 4.18m，列有纪录以来第 4 位，洪峰流量 7680m³/s，超警戒时间 60h。

下游石镇街站于 7 月 4 日、9 日两度超警戒。7 月 2 日 16 时起涨，4 日 17 时 45 分洪峰水位 21.09m，超警戒水位 1.09m，洪峰流量为 5400m³/s，超警戒时间 66h；7 日 14 时

复涨，9 日 20 时 10 分洪峰水位 23.43m，超警戒水位 3.43m，洪峰流量 7810m³/s，受上游来水及鄱阳湖高位顶托影响，超警戒时间近 33d。

乐安河支流体泉水九都站、车溪水寨下站为中小河流站。九都站 2017 年开始有实测纪录，7 月 9 日 3 时 15 分出现有纪录以来最高水位 69.30m；寨下站 2014 年建成，2016年开始有实测纪录，7 月 9 日 23 时出现有纪录以来最高水位 25.63m。

2020 年 7 月乐安河虎山站水位流量过程线如图 4-5 所示。

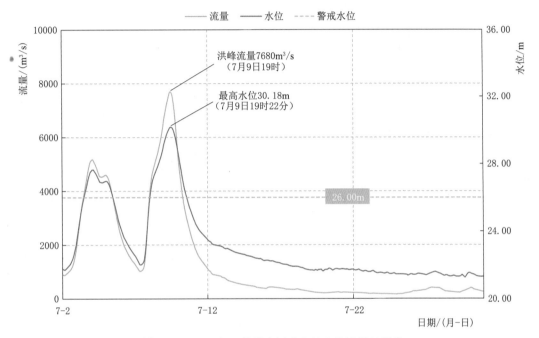

图 4-5　2020 年 7 月乐安河虎山站水位流量过程线

2. 洪水特征

7 月上旬乐安河持续出现持续性强降雨过程，中上游暴雨强度大于中下游地区，上游婺源站四度超警。9 日香屯水文站与虎山水文站均出现有纪录以来第 4 位洪水。从 9 日洪水来源分析，香屯站流域面积占虎山站流域面积 61.1%，而洪量比重 76.2%，可见上游来水是此次洪水的重要成因。下游石镇街站出现仅比 1998 年水位低 0.10m 的高水位，7 月中旬后降雨和鄱阳湖高水位顶托影响，该站直至 8 月 8 日才退至警戒水位以下。2020年乐安河洪水特征值统计见表 4-10。2020 年乐安河最大流量、洪量统计见表 4-11。

表 4-10　　　　　　　　2020 年乐安河洪水特征值统计表

站名	2020 年			历年最高		警戒水位/m	超警戒水位/m	超警戒时间	超纪录水位/m
	最高水位/m	最大流量/(m³/s)	出现日期/(月-日)	最高水位/m	最大流量/(m³/s)				
婺源	62.75	3720	7-9	64.54（2017）	5020（2017）	58	4.75	21h	—
香屯	42.73	7170	7-9	43.56（2011）	7470（2011）	38	4.73	47h	—
虎山	30.18	7680	7-9	31.18（2011）	10100（1967）	26	4.18	109h	—
石镇街	23.43	7810	7-9	23.53（1998）	8230（2011）	20	3.43	33d	—

表 4-11　　　　　　　　2020 年乐安河最大流量、洪量统计表

项　　目	香　屯			虎　山		
	2020 年	历史最高值	常年均值	2020 年	历史最高值	常年均值
最大流量/(m³/s)	7170	7470	134	7680	10100	228
1d 洪量/亿 m³	4.856	4.372	2.055	5.936	8.120	3.260
3d 洪量/亿 m³	9.703	8.346	4.269	13.37	15.61	6.960
7d 洪量/亿 m³	16.76	16.82	6.558	24.17	28.52	11.05
15d 洪量/亿 m³	23.32	23.99	6.791	34.53	34.80	16.18
30d 洪量/亿 m³	28.72	26.73	13.83	42.22	49.78	22.62

4.3.5　修河

2020 年 7 月上旬修河流域出现两次强降雨过程。2—5 日，修河降暴雨～大暴雨，流域平均降雨量 94mm，暴雨中心主要位于潦河；6—10 日，修河再降暴雨～特大暴雨，流域平均降雨量 213mm，暴雨中心位于潦河下游。受强降雨叠加影响，修河水位迅速上涨，7 月 4 日 10 时修河 2020 年第 1 号洪水形成，永修站 11 日 11 时 15 分出现有纪录以来最高水位 23.63m。

1. 洪水过程

修河支流潦河万家埠站 7 月 7 日以 21.58m 水位起涨，8 日 19 时水位超警戒，"潦河 2020 年第 1 号洪水"形成，9 日 1 时 30 分洪峰水位 28.02m，超警戒水位 1.02m，水位涨幅 6.44m，10 日水位复涨，11 日 8 时洪峰水位 25.61m，洪峰流量 4490m³/s。修河干流柘林水库 7 月 8 日 19 时时段最大入库流量 10600m³/s，居建库以来第 4 位；经调度，过程中最大出库流量为 9 日 18 时 3460m³/s，削峰率 67.4%，9 日 15 时最高库水位 66.49m，居有纪录以来第 4 位。

受上游来水、区间强降雨及鄱阳湖高水位顶托的共同影响，修河干流永修站共出现 3 次洪峰。永修站水位 6 月 21 日 16 时 30 分起涨，5 日 14 时 20 分出现第 1 次洪峰水位 21.06m，超警戒水位 1.06m，6 日 17 时水位复涨，9 日 8 时出现第 2 次洪峰水位 23.35m，接着在 10 日 19 时 23.08m 的高水位下再次起涨，11 日 11 时 15 分第三次洪峰水位达新高 23.63m，超警戒水位 3.63m，列有纪录以来第 1 位，超警戒时间 43d。

受上游来水及鄱阳湖高位顶托影响，修河尾闾吴城站 12 日 7 时洪峰水位 22.97m，超警戒水位 3.47m，列 1952 年有纪录以来第 1 位，超警戒时间 46d。

2020 年 7 月潦河万家埠站水位流量过程线如图 4-6 所示。2020 年 6—9 月修河永修站水位过程线如图 4-7 所示。

2. 洪水特征

在修河流域洪水过程中，修河干流下游及尾闾洪峰水位超纪录，高水位维持时间长，水位超警时间长，其中干流下游永修站超警天数 43d，尾闾吴城站超警天数长达 46d。柘林水库短历时洪量大，尤其 1d、3d 洪量与 1998 年接近，长历时洪量较 1998 年明显偏少，

说明此次洪水强度与 1998 年接近，但是持续时间更短。柘林水库调蓄作用明显。从柘林水库、虬津站最大 1d、3d 洪量分析，柘林水库 1d 调蓄洪水 3.23 亿 m³，拦蓄率 54%；3d 调蓄洪水 3.80 亿 m³，拦蓄率 34%。2020 年修河洪水特征值统计见表 4-12，2020 年修河最大流量、洪量统计见表 4-13。

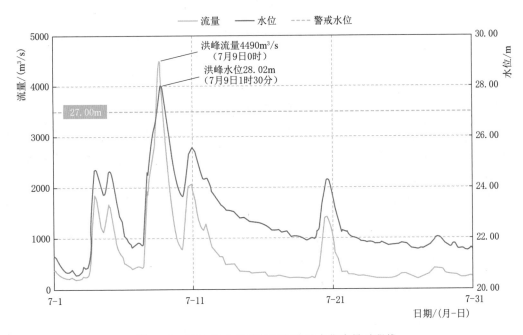

图 4-6　2020 年 7 月潦河万家埠站水位流量过程线

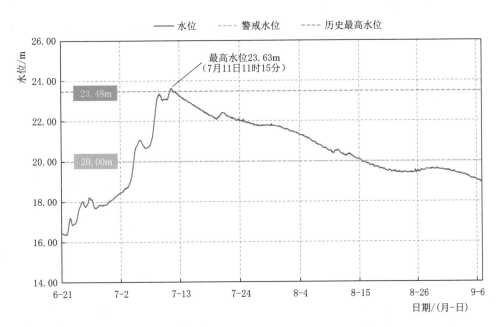

图 4-7　2020 年 6—9 月修河永修站水位过程线

表 4-12   2020 年修河洪水特征值统计表

站名	2020 年			历年最高		警戒水位/m	超警戒水位/m	超警戒时间	超纪录水位/m
	最高水位/m	最大流量/(m³/s)	出现日期/(月-日)	最高水位/m	最大流量/(m³/s)				
虬津	24.49	3340	7-11	25.29 (1993)	4070 (1993)	20.5	3.99	33d	—
永修	23.63		7-11	23.48 (1998)		20.0	3.63	43d	0.15
万家埠	28.02	4490	7-9	29.68 (2005)	5600 (1977)	27.0	1.02	16h	—
吴城	22.97		7-12	22.96 (1998)		19.5	3.47	46d	0.01

表 4-13   2020 年修河最大流量、洪量统计表

项目	柘林水库		虬津			万家埠		
	2020 年	历史最高值	2020 年	历史最高值	常年均值	2020 年	历史最高值	常年均值
最大流量/(m³/s)	10600	12100	3340	4070	1740	4490	5600	2189
1d 洪量/亿 m³	5.980	6.160	2.750	3.230	1.590	2.419	3.741	1.406
3d 洪量/亿 m³	11.06	12.87	7.260	9.590	3.890	5.746	6.661	2.933
7d 洪量/亿 m³	16.72	20.65	13.58	20.74	7.300	9.226	10.27	4.411
15d 洪量/亿 m³	21.29	31.90	21.44	31.98	12.55	13.10	14.67	6.552
30d 洪量/亿 m³	29.78	51.06	28.11	40.70	18.67	17.74	18.57	9.712

4.3.6   鄱阳湖入湖河流

西河、杨梓河分别为直入鄱阳湖一级、二级支流。7月2—6日，西河安徽境内降暴雨～大暴雨，杨梓河上游局部降特大暴雨，暴雨中心位于西河安徽境内流域与杨梓河上游流域。

受强降雨影响，西河石门街站7月2日8时水位21.95m起涨，3日20时35分洪峰水位25.49m，涨幅3.54m；4日10时37分水位退至23.82m后复涨，至5日1时30分出现洪峰水位27.88m，涨幅4.06m；6日23时水位退至23.08m后再度复涨，至7月8日14时出现过程最高水位30.58m，涨幅7.50m，洪峰流量2520m³/s，列有纪录以来第1位。2020年7月2—10日西河石门街站水位流量过程线如图4-8所示。

杨梓河杨梓站7月7日4时水位48.05m起涨，7日14时10分出现第一次洪峰水位51.77m，涨幅3.72m；8日2时水位退至49.05m后开始复涨，7时15分出现第二次洪峰水位51.92m，涨幅2.87m，超过历史调查洪水位，实测最大流量160m³/s（相应水位51.35m）。2020年7月6—10日杨梓河杨梓站水位过程线如图4-9所示。

4.3.7   长江江西段支流

太平河、浪溪河为直入长江下游一级支流，流域面积分别为264km²、208km²。7月6日8时—10日22时，长江干流沿线江西境内降暴雨至大暴雨，局部特大暴雨，太平河、浪溪河均出现超历史调查洪水。

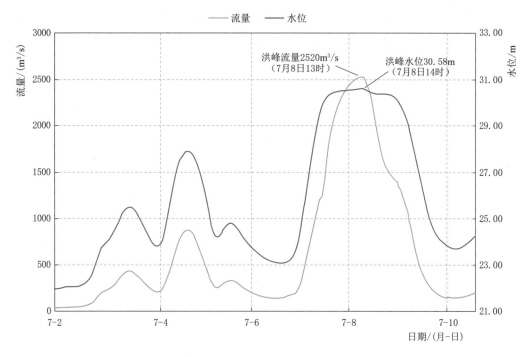

图 4-8　2020 年 7 月 2—10 日西河石门街站水位流量过程线

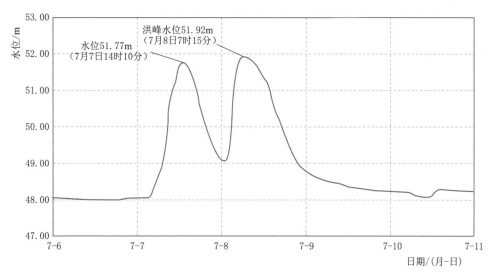

图 4-9　2020 年 7 月 6—10 日杨梓河杨梓站水位过程线

太平河天红站 7 月 7 日 4 时 10 分水位 33.73m 起涨，7 日 14 时 35 分出现第一次洪峰水位 39.36m，涨幅 5.63m；8 日 1 时 30 分退至 36.37m 后再次复涨，8 日 8 时 50 分出现第二次洪峰水位 40.64m，超过历史调查洪水位，洪峰流量 597m³/s。2020 年 7 月 6—10日太平河天红站水位过程线如图 4-10 所示。

浪溪河浩山站 7 月 6 日 14 时水位 30.48m 起涨，7 日 17 时 45 分出现第一次洪峰水位 33.65m，涨幅 3.17m；8 日 6 时水位退至 31.87m 后再次复涨，8 日 15 时 30 分出现第二次洪峰水位 34.92m，超过历史调查洪水位，洪峰流量 378m³/s。2020 年 7 月 6—10 日浪溪河浩山站水位过程线如图 4-11 所示。

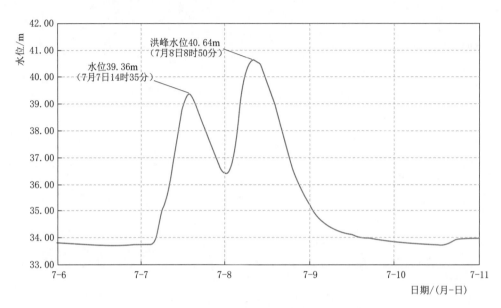

图 4-10　2020 年 7 月 6—10 日太平河天红站水位过程线

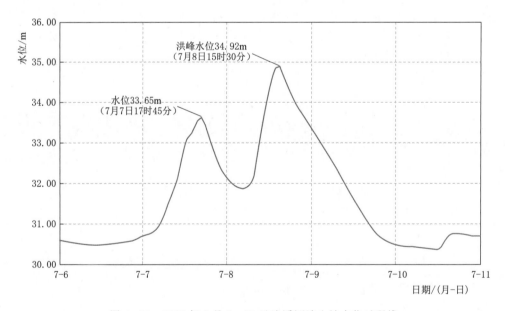

图 4-11　2020 年 7 月 6—10 日浪溪河浩山站水位过程线

4.4　长江洪水

4.4.1　水情特点

2020 年长江流域大洪水主要有以下 6 个方面的特点：

1. 上游来水早、洪水发生范围广

2020 年 6 月，上游西北部地区金沙江上游、雅砻江上游及大渡河来水均显著偏多，大渡河、长江上游南部支流横江、綦江、乌江发生超警戒甚至超历史洪水，三峡水库入库出现两次 40000m³/s 左右的涨水过程，为建库以来最早。6—8 月，反映长江洪水主要水源地的 17 条河流，除湘江、汉江外，均发生超警戒及以上洪水；长江干流发生 5 次编号洪水，长江上游发生特大洪水，中下游干流沙市以下江段全线超警戒水位。

2. 干流区间洪水突出

受强降雨影响，中下游主要支流中，湖北省的长湖、洪湖，江西省的鄱阳湖，安徽省的巢湖、滁河等水系超历史最高洪水位，其中巢湖超历史最高水位时间长达 16d，湖南的洞庭湖发生超保证洪水。2020 年 7 月，洞庭湖四水合成出现 3 次 20000m³/s 以上的涨水过程，洞庭湖区间亦出现 3 次明显涨水过程，最大洪峰流量 12900m³/s；鄱阳湖五河合成、鄱阳湖区间、汉口～湖口区间、湖口～大通区间最大流量在 27000～45000m³/s。从洪水组成看：汉口站总入流最大 30d 洪量地区组成中，宜昌～汉口区间洪量大于 1954 年，最大 7d、15d 洪量地区组成中，宜昌～汉口区间洪量大于 1998 年；大通站总入流最大 7d、15d 和 30d 洪量地区组成中，汉口～大通区间洪量及占比均大于 1998 年，最大 30d 洪量地区组成中，汉口～大通区间洪量与 1954 年基本相当。

3. 中下游干流水位涨势猛

2020 年 6 月中下游干流及两湖出口控制站水位涨速加快，尤其是进入 7 月以后，水位涨势迅猛。6 月 1 日—7 月中旬各控制站出现第 1 次洪峰水位期间，长江中下游干流莲花塘、汉口、九江、大通站及两湖出口控制站七里山、湖口站水位总涨幅 9.10～11.23m，其中 7 月涨幅 3.33～4.69m，最大日涨幅 0.37～0.63m。莲花塘～大通江段主要控制站水位日均涨幅均大于 1998 年，各站从起涨至超警戒水位历时均短于 1998 年，莲花塘和七里山站超警戒水位至超保证水位历时均短于 1998 年。在上游来水筑底、区间洪水沿程叠加作用下，中下游干流水位迅速突破警戒水位，并接近保证水位。

4. 中下游洪峰水位高、高水位持续时间长

洞庭湖七里山站率先于 7 月 4 日 18 时达到警戒水位 32.50m，此后莲花塘、九江、湖口、大通等站相继达到警戒水位，8 日 10 时黄石港站达到警戒水位 24.50m，至此中下游干流监利以下江段及两湖湖区全线超警戒水位。监利～大通江段各站最高水位居有实测纪录以来第 2～5 位，其中九江站、湖口站最高水位居第 2 位（仅次于 1998 年），各站超警戒水位累计时间 28～60d；叠加下游支流来水及潮位顶托影响，马鞍山～镇江江段最高潮位超历史。还原后长江中下游干流及两湖出口控制站最高水位，除汉口、大通站居有实测纪录以来第 2 位外，其余主要控制站最高水位均居第 1 位，莲花塘、汉口、湖口站超警戒

时间均超 60d。

5. 上游洪水峰高量大

2020 年 8 月中旬，岷江高场、沱江富顺、涪江小河坝、嘉陵江北碚、长江干流朱沱站发生大洪水过程，实况洪峰流量分别居有实测纪录以来第 1～11 位，且各站均呈现复式双峰过程。干流朱沱站与嘉陵江北碚站来水几乎全过程遭遇，导致寸滩站出现峰高量大的洪水过程，洪峰流量居有实测纪录第 3 位，洪峰水位居有实测纪录以来第 2 位，还原后洪峰流量、洪峰水位均居第 1 位，最大 7d 洪量超 130 年一遇，过程洪量大。三峡水库出现建库以来最大入库流量 78000m^3/s，同时出现建库以来最大出库流量 49400m^3/s 和最高调洪库水位 167.65m。

6. 水库群对水文过程影响显著

2020 年 7—8 月，纳入长江流域联合调度的水库群总蓄量增加约 267 亿 m^3，考虑各水库防洪库容的重复利用，水库群累计拦蓄洪水约 500 亿 m^3。通过上中游水库群的联合运用，降低川渝江段洪峰水位 3m 左右，削减三峡水库入库洪峰流量 2000～12000m^3/s，降低宜昌～沙市江段最高水位 3.0～3.6m，降低城陵矶～汉口江段最高水位 0.9～1.5m，降低九江～大通江段最高水位 0.3～0.5m，缩短沙市～大通站超警戒时间 8～22d，分别缩短沙市、莲花塘、湖口站超保证时间 5d、29d、5d。通过上游水库群联合运用后，大幅削减了中下游干流宜昌及以下各站洪水，沙市站最高水位 43.38m，仅超警戒水位 0.38m，避免了荆江分洪区的启用，莲花塘站最高水位 34.59m，仅超保证水位 0.19m。

4.4.2　长江流域水库群防洪调度情况

4.4.2.1　水库群防洪调度概述

2020 年主汛期，长江干流先后发生 5 次编号洪水，其中，长江上游发生特大洪水，寸滩站洪峰水位居有实测纪录第 2 位，三峡水库出现建库以来最大入库流量；鄱阳湖区超历史最高洪水位，长江中下游干流监利～大通江段洪峰水位居有实测纪录以来的第 2～5 位，马鞍山～镇江江段最高潮位超历史。自年初以来，在水利部长江水利委员会的精细组织下，纳入长江流域联合调度的控制性水库均按规定时间全部消落到位，三峡水库 6 月 8 日顺利消落至汛限水位 145.00m。6 月上旬，纳入联合调度的控制性水库共腾出防洪库容 560 亿 m^3，部分水库在汛限水位以下还有 217 亿 m^3，共计 777 亿 m^3 库容可调蓄洪水，为迎战 2020 年长江流域性大洪水提供了保障。

2020 年长江流域控制性水库共拦蓄洪水约 500 亿 m^3，湖北、湖南、江西、安徽、江苏等五省共运用（或溃决）861 处洲滩民垸行蓄洪，总分洪量 124.6 亿 m^3，同时配合中下游农田排涝片限制排涝等调度措施，有效防御了 2020 年长江流域性大洪水，降低川渝河段洪峰水位 2.9～3.6m，削减 5 次编号洪水三峡水库入库洪峰流量 2000～12000m^3/s，将上游寸滩站约 110 年（洪峰）～130 年（洪量）一遇的特大洪水削减为约 25 年（洪峰）～40 年（洪量）一遇的大洪水；降低宜昌～沙市河段最高水位 3.0～3.6m，降低城陵矶～汉口河段最高水位 0.9～1.5m，降低九江～大通河段最高水位 0.3～0.5m，分别缩短沙市～大通站超警戒时间 8～22d，缩短沙市～湖口站超保证时间 5～29d。

长江 1 号洪水期间（7 月 1—13 日），三峡水库共拦蓄洪量约 25 亿 m³，为减少三峡入库洪量，三峡以上水库群共拦蓄洪量约 32 亿 m³，同期洞庭湖、鄱阳湖水系主要水库分别拦洪约 15 亿 m³、5 亿 m³，延缓了中下游主要控制站水位涨速，减小了上涨幅度，莲花塘、汉口、湖口等站均未超保证水位。

长江 2 号洪水期间（7 月 14—21 日），联合调度金沙江、雅砻江、乌江和大渡河、嘉陵江等水系梯级水库群配合三峡水库进一步拦蓄洪水约 59 亿 m³，全力减小进入三峡水库洪量，精细调度三峡水库与洞庭湖洪水错峰，上中游水库群合计拦蓄洪水约 173 亿 m³，其中三峡水库拦洪约 88 亿 m³，结合城陵矶附近河段农田涝片限制排涝和洲滩民垸行蓄洪运用，将莲花塘站最高水位控制在 34.39m（保证水位 34.40m）。

长江 3 号洪水期间（7 月 25—28 日），上中游水库群拦蓄洪水约 56 亿 m³。其中，三峡水库拦蓄洪水 33 亿 m³，其余水库共拦蓄洪水约 23 亿 m³。期间，同时精细调度三峡水库并协调洞庭湖、清江水系水库错峰，有效避免长江上游及洞庭湖来水遭遇，此外采取城陵矶附近河段农田涝片限制排涝、洲滩民垸行蓄洪运用以及适当抬高城陵矶河段行洪水位等措施，将莲花塘、汉口站最高水位分别控制在 34.59m、28.50m，达到了预期调度目标。

长江 4 号、5 号复式洪水期间（8 月 11—17 日），上中游水库群实时大规模联合调度，累计拦蓄洪量约 192 亿 m³。其中，三峡水库拦蓄洪量约 108 亿 m³，其余水库拦蓄洪量约 85 亿 m³。有效降低了李庄～寸滩江段洪峰水位约 3m，将宜昌以下各站水位削减为常遇洪水，避免了荆江分洪区的启用。

针对 2020 年洪水不同洪水发展阶段面临不同的防洪形势，水库群的运用组合与来水情势密切相关，水库群调度方案在实际运用中得到了较大拓展和细化。总体而言，长江流域水库群联合调度发挥了巨大防洪减灾效益。以三峡水库为核心的长江流域水库群充分发挥了拦洪削峰滞洪的作用，极大减轻了沿江各河段防洪压力，为保障流域防洪安全起到了堤防以外的不可替代的基本盘作用，是流域防洪的主要、主动工程措施。

4.4.2.2 三峡水库防洪调度情况

2020 年长江流域发生流域性大洪水期间，三峡水库出现建库以来最大入库流量，中下游莲花塘～大通河段洪峰水位居有实测纪录以来的第 2～5 位，马鞍山～镇江河段潮位超历史，防洪形势严峻。6 月 10 日—9 月 9 日期间（9 月 10 日 0 时正式进入蓄水调度），三峡水库实施防洪调度，具体调度过程如图 4-12 所示。

1. 第一阶段：控制库水位在汛限水位附近浮动（6 月 10—30 日）

6 月下旬，受长江上游流域强降雨影响，三峡水库出现 2 次 35000m³/s 以上量级涨水过程，洪峰流量分别为 36500m³/s（6 月 23 日 8 时）、40000m³/s（6 月 28 日 14 时）。

6 月 20—25 日长江流域自西向东出现 1 次强降雨过程，其中乌江中下游、三峡万宜区间出现大到暴雨，局部大暴雨。三峡水库入库流量从 6 月 20 日 24500m³/s 逐步上涨至 6 月 23 日 36500m³/s。基于水文气象预报成果，三峡水库在洪水来临前及时预泄腾库，库水位最低下降至 6 月 20 日 21 时的 145.10m，随着入库流量的增加，库水位最高上涨至 6 月 24 日 4 时的 147.57m，通过科学优化调度，此次三峡水库成功将库水位控制在新规程规定的允许上限水位 148.00m 以下，避免开闸弃水，共拦蓄洪量约 12 亿 m³。

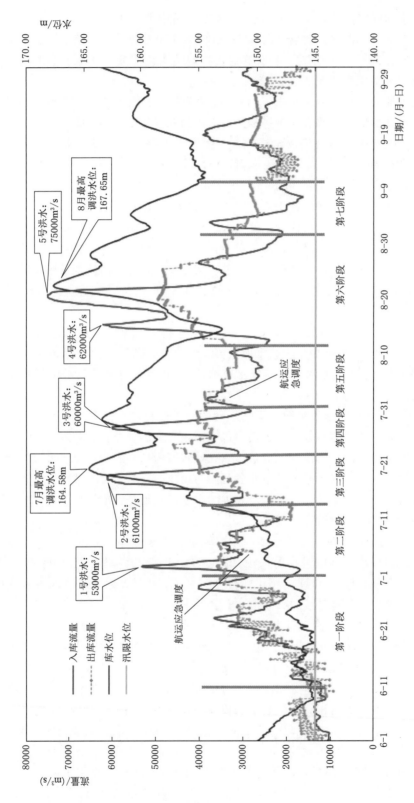

图 4-12 2020 年汛期（6—9 月）三峡水库入出库流量及库水位过程

6月26—30日长江流域再次出现自西向东的强降水过程，长江上游干流及南部地区出现大到暴雨，局部大暴雨，三峡水库入库流量从20000m³/s快速上涨至40000m³/s。基于水文气象预报成果，三峡水库及时预泄腾库，最大限度重复利用库容，开展洪水资源化利用优化调度，库水位最低下降至6月27日20时的145.86m。考虑预见期降雨和上游水库调度，预计三峡水库来水将现峰回落，此后来水返涨。长江委下达长水调电〔2020〕14号调度令，令三峡水库自6月28日20时起将出库流量按31000m³/s下泄，6月29日8时起三峡水库日均出库流量按35000m³/s下泄。据此调度令，库水位最高上涨至6月30日0时的147.68m，共拦蓄洪量约9亿m³。

2. 长江2020年第1号洪水（7月1—13日）

此阶段共发生3次降雨过程，分别发生在7月1—3日、4—10日、11—12日，其中7月4—10日降雨过程为入汛以来最强降雨过程，长江中下游出现大范围暴雨～大暴雨的强降雨，过程维持时间长达7d。此阶段，长江中下游干流附近、鄱阳湖水系北部降雨量超过300mm，局部地区降雨量超过500mm，强降雨落区与前期重合度高。主要受向家坝～寸滩区间来水增加影响，干流寸滩站7月2日11时35分出现洪峰流量33300m³/s，乌江武隆站发生4次10000m³/s以上量级涨水过程（最大流量12400m³/s，7月6日10时）；三峡区间亦发生较大涨水过程（7月2日14时区间洪峰流量10600m³/s），三峡水库来水快速增加，7月2日10时入库流量涨至50000m³/s，"长江2020年第1号洪水"在长江上游形成。

"长江2020年第1号洪水"经三峡水库拦蓄后继续向中下游演进，同时叠加两湖水系及干流附近区间来水，长江中下游干流监利以下河段及两湖出口控制站水位持续上涨，七里山、莲花塘、汉口、九江、湖口等站相继达到警戒水位，7月8日，中下游干流监利以下河段全线超警戒水位，7月12—13日，城陵矶～大通河段各站相继现峰转退，各站洪峰水位居有实测纪录以来第2～5位。

基于7月4—12日72h水情滚动预报结果，鉴于当时长江流域防汛形势，兼顾航运应急调度，长江委先后下达6道调度令，调控三峡水库出库流量过程。其中，依据长水调电〔2020〕21号调度令，三峡水库7月5日6时起将出库流量减小至30000m³/s，5日16时起三峡水库出库流量恢复至35000m³/s，此后维持；依据长水调电〔2020〕30号调度令，三峡水库自7月6日22时起将出库流量减小至31000m³/s；依据长水调电〔2020〕34号、37号、41号、46号调度令，逐步减小三峡水库出库流量，11日减至19000m³/s左右。

实时调度中，本阶段三峡水库水位由146.26m开始起调，最高库水位149.37m，拦蓄洪量约25亿m³，在上中游水库群的全力配合下，延缓了中下游主要控制站水位上涨速度，减小了上涨幅度，莲花塘站、湖口站水位均未超保证水位。

3. 长江2020年第2号洪水（7月14—21日）

7月14—20日，长江流域发生移动性降雨过程，强雨区在上游干流附近维持4d后快速南压至中下游干流附近，长江干流大部降雨量超过100mm，局部降雨量达到200mm以上。受强降雨影响，嘉陵江、乌江、三峡区间来水迅猛增加，嘉陵江北碚站7月17日出现洪峰流量17100m³/s，乌江武隆站18日出现洪峰流量12100m³/s，并与三峡区间来水遭遇（16 日 20 时区间洪峰流量 19500m³/s），三峡水库入库流量 17 日 10 时涨至 50000m³/s，形成"长江 2020 年第 2 号洪水"，18 日出现入库洪峰流量 61000m³/s。洞庭湖水系多条支流再次发生较大涨水过程，水系尾闾及湖区水位仍全面超警戒水位。鄂东北及下游干流附近的巢湖、滁河等地再次发生较大涨水过程。长江中游汉口以上河段水位返涨，防洪形势严峻。

考虑 7 月 13—20 日 72h 水情滚动预报结果，长江委先后下达 8 道调度令，调控三峡水库出库流量。其中，依据长水调电〔2020〕56 号调度令，三峡水库 7 月 14 日将日均出库流量按 22000m³/s 控制下泄；依据长水调电〔2020〕57 号、61 号、65 号、77 号、78 号、79 号、82 号调度令，逐步增加三峡水库出库流量，21 日增加至 40000m³/s 左右。

本阶段，三峡水库最高调洪水位 164.58m（7 月 20 日 5 时，三峡建成以来 7 月最高调洪水位），拦蓄洪水约 88 亿 m³，出库流量由 31000m³/s 左右逐步增加至 40000m³/s 左右，在库水位超过 155m 的情况下（根据调度规程，当三峡水库库水位高于 155m 之后，一般情况下不再单独对城陵矶地区进行防洪补偿调度），继续全力拦蓄洪水以减轻中下游防洪压力。通过上中游水库群的联合调度，控制莲花塘站不超保证水位。

4. 长江 2020 年第 3 号洪水（7 月 22—30 日）

此阶段有 2 次降雨过程，分别发生在 7 月 21—24 日、25—27 日，强雨区位于长江上中游干流附近、嘉陵江、岷沱江及汉江上游，大部降雨量超过 50mm，局部降雨量超过 100mm。受强降雨影响，金沙江、岷江、沱江、嘉陵江和三峡区间出现明显涨水过程。其中，金沙江向家坝站来水基本维持在 10000m³/s 左右，最大流量 15100m³/s（7 月 26 日 7 时）；岷江高场站、沱江富顺站发生涨水过程，最大流量分别为 13400m³/s（7 月 26 日 17 时 10 分）、1880m³/s（7 月 26 日 8 时）；嘉陵江北碚站发生 2 次涨水过程，最大流量 20600m³/s（7 月 27 日 3 时 40 分）；受上述来水影响，27 日 14 时上游干流寸滩站出现洪峰流量 50600m³/s。长江上游干流来水再次与三峡区间来水遭遇（7 月 26 日 20 时区间洪峰流量 18000m³/s），26 日 14 时三峡水库入库流量涨至 50000m³/s，形成"长江 2020 年第 3 号洪水"，27 日 14 时出现入库洪峰流量 60000m³/s。洞庭湖水系多条支流再次发生明显涨水过程，汉江上游来水明显增加，长江中下游汉口以上河段水位再次返涨。

基于 7 月 21—30 日 72h 水情滚动预报结果，鉴于当时长江流域防汛形势，长江委先后下达 8 道调度令，调控三峡水库出库流量过程。其中，依据长水调电〔2020〕88 号调度令，三峡水库 7 月 22 日 0 时起将出库流量按 41000m³/s 控制下泄；依据长水调电〔2020〕89 号、92 号调度令，逐步增加三峡水库出库流量，23 日增加至 45000m³/s；依据长水调电〔2020〕94 号调度令，三峡水库 7 月 24 日 15 时起将出库流量按 42000m³/s 控制下泄；依据长水调电〔2020〕95 号、96 号、102 号、104 号调度令，逐步调整三峡水库出库流量。

实时调度中，鉴于判断后续仍有较大量级的洪水过程，为统筹上下游防洪安全，在长江 3 号洪水来临前三峡水库逐步加大出库至 45000m³/s 预泄腾库，7 月 25 日 12 时库水位降至 158.56m，准备迎战后续洪水。27 日 14 时，三峡水库出现入库洪峰流量 60000 m³/s，最大出库流量在 40000m³/s 左右，29 日 8 时最高调洪水位 163.36m，本阶段三峡水库共拦蓄洪水 33 亿 m³。通过拦洪削峰保障城陵矶河段莲花塘站水位不超过 34.90m，并尽可能地降低莲花塘站水位至 34.40m 左右，最终莲花塘站最高水位 34.59m。

5. 上中游水库群预泄腾库（7 月 31 日—8 月 10 日）

8 月 5—10 日，长江流域自西北向东南有 1 次移动性的降雨过程，移动速度快，雨区分布较为分散，仅在汉江、洞庭湖区、长江下游干流附近部分地区有零散分布的强降雨中心。长江上游、洞庭湖、鄱阳湖来水平稳波动，长江中下游干流及两湖湖区水位持续降低。

基于 7 月 31 日—8 月 6 日 72h 水情滚动预报结果，鉴于当时长江流域防汛形势，长江委先后下达 4 道调度令，调控三峡水库出库流量过程。其中，依据长水调电〔2020〕106 号调度令，三峡水库 8 月 1 日 5 时起将出库流量按 34500m³/s 下泄，1 日 20 时起将出库流量按 38500m³/s 下泄；依据长水调电〔2020〕111 号、118 号、119 号调度令，逐步减小三峡水库出库流量，7 日减小至 31500m³/s。

为防范下阶段更大的洪水，在本阶段中三峡及其他长江上中游主要水库及时预泄腾库，7 月 31 日—8 月 10 日期间腾库约 42 亿 m³，其中三峡水库腾库约 29 亿 m³，库水位最低降至 153.00m 左右。

6. 长江 2020 年第 4、5 号洪水（8 月 11—31 日）

此阶段有 4 次降雨过程，分别发生在 8 月 11—17 日、19—21 日、22—26 日、28—30 日，其中 8 月 11—17 日降雨过程为入汛以来长江上游最强降雨过程，长江上游嘉陵江、岷沱江流域出现大范围暴雨～大暴雨的强降雨，过程维持时间长达 7d。此阶段，岷江中下游、沱江和涪江上中游降雨量超过 300mm、局部地区降雨量超过 500mm，强降雨区范围集中、极端性强。受持续强降雨影响，长江上游多条支流发生较大洪水过程，其中岷江发生有实测纪录以来最大洪水，沱江、涪江、嘉陵江、长江干流朱沱～寸滩河段发生超保证洪水，岷江高场、沱江富顺、涪江小河坝、嘉陵江北碚、长江干流朱沱、寸滩站洪峰流量分别居有实测纪录以来第 1～11 位，各站洪峰水位超保证水位幅度 0.08～8.12m。受上游干流和嘉陵江来水叠加影响，干流寸滩站发生 1 次复式涨水过程，8 月 14 日 5 时流量涨至 50900m³/s，形成"长江 2020 年第 4 号洪水"，14 日 19 时出现长江 4 号洪水洪峰流量 59400m³/s，16 日来水退至 46000m³/s 后返涨，17 日 14 时再次涨至 50400m³/s，形成"长江 2020 年第 5 号洪水"，20 日 6 时 35 分出现长江 5 号洪水洪峰流量 77400m³/s，居有实测纪录以来第 3 位，20 日 8 时 15 分出现洪峰水位 191.62m（超保证水位 8.12m），居有实测纪录以来第 2 位，仅次于 1905 年的 192.00m，超 1981年的 191.41m。汉江上游发生明显涨水过程，长江中下游宜昌～九江河段水位复涨，九江以下河段水位波动或缓退。

基于 8 月 11—26 日 72h 水情滚动预报结果，鉴于当时长江流域防汛形势，统筹上下游防洪形势，长江委先后下达 9 道调度令，调控三峡水库出库流量过程。其中，依据长水调电〔2020〕127 号调度令，三峡水库 8 月 11 日 20 时起将出库流量按 34000m³/s 下泄；依据长水调电〔2020〕130 号、131 号、133 号、139 号调度令，逐步增加三峡水库出库流量，17 日增加至 44000m³/s；依据长水调电〔2020〕147 号、148 号调度令，增加三峡出库流量，18 日 18 时增加至 48000m³/s 左右；依据长水调电〔2020〕155 号调度令，三峡水库逐步减小出库流量，25 日 14 时减至 44500m³/s；26 日 2 时起再次逐步减小出库流量，26 日 4 时减至 41500m³/s，且调度期间，葛洲坝水库相机配合，合理控制两坝间水位变幅；依据长水调电〔2020〕158 号调度令，继续减小三峡水库出库流量，27 日 4 时减至 34500m³/s 并维持。

三峡水库相继出现长江 4 号、5 号编号洪水，入库洪峰流量分别为 62000m³/s、75000m³/s。为最大程度地降低三峡水库库尾淹没风险，减轻重庆附近的防洪压力，三峡水库控制出库流量由 41500m³/s 最大增加至 49400m³/s，库水位最高涨至 167.65m，三峡水库合计拦蓄洪水约 108 亿 m³。长江上游水库群（不含三峡）累计拦蓄约 82 亿 m³，显著减轻川渝河段和荆江河段防洪压力。

4.4.3　长江九江段洪水

长江九江段洪水涨落受到长江中上游及鄱阳湖洪水的共同影响。2020 年汛期，九江站水位先降后升，前后变化幅度较大，5 月 8 日 5 时至入汛以来最低水位 10.82m 后逐步走高，6 月下旬至 7 月上旬持续快速上涨，7 月 12 日达到峰值 22.81m。

1. 洪水过程

5 月底，长江干流九江站水位较常年同期偏低 3.00m 左右，6 月起受持续强降雨影响水位迅速上涨，尤其在 7 月上旬鄱阳湖出湖量加大，九江站水位上涨呈迅猛之势。7 月 6 日 0 时涨至警戒水位 20m，12 日 18 时达洪峰水位 22.81m，超警戒水位 2.81m，列 1898 年有纪录以来第 2 位（1998 年 23.03m），最大流量 66000m³/s（7 月 21 日），起涨至超警戒历时仅 12d，短于 1998 年的 20d。受长江来水影响，长江九江段高水位时间维持长，超警戒天数 41d。

2020 年 6—9 月九江站水位过程线如图 4-13 所示。2020 年 6—9 月九江、湖口站流量过程线如图 4-14 所示。

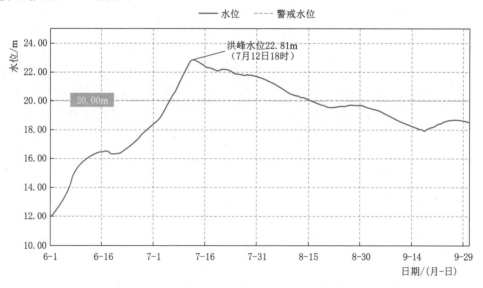

图 4-13　2020 年 6—9 月九江站水位过程线

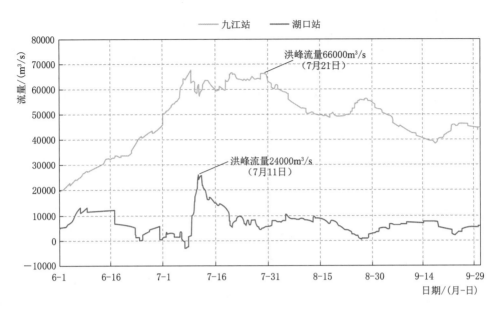

图 4-14 2020 年 6—9 月九江、湖口站流量过程线

2. 落差分析

在五河及长江来水稳定情况下,高水时九江-星子水位落差维持 0.5m 左右。对 2020 年高水时两站水位落差进行分析,6 月 22 日—7 月 13 日两站落差呈减小趋势,尤其是 7 月 11 日落差仅 0.15m,在此期间湖口站出流逐步增大至峰值,14 日之后两站落差开始增大,湖口站出流开始减小。在九江站 7 月的洪水过程中,两站最大落差达 0.61m,九江站 12 日洪峰时的两站落差为 0.14m。2020 年 6—7 月九江-星子水位落差见表 4-14,2020 年 6—9 月九江-星子水位落差过程线如图 4-15 所示。

表 4-16　　　　　　　　　　2020 年 6—7 月九江-星子水位落差表

日　　期	6-22	6-23	6-24	6-25	6-26	6-27	6-28	6-29
九江-星子落差/m	0.63	0.68	0.68	0.62	0.63	0.6	0.59	0.58
日　　期	6-30	7-1	7-2	7-3	7-4	7-5	7-6	7-7
九江-星子落差/m	0.62	0.6	0.59	0.6	0.6	0.54	0.61	0.58
日　　期	7-8	7-9	7-10	7-11	7-12	7-13		
九江-星子落差/m	0.59	0.45	0.33	0.15	0.14	0.15		

选取鄱阳湖典型高水年份 2016 年、1998 年、1996 年、1995 年作为典型年,当九江站出现洪峰水位时,2020 年九江-星子落差 0.14m,较各典型年偏小 0.14~0.36m;当星子站出现洪峰水位时,2020 年九江-星子落差 0.15m,较各典型年偏小 0.09~0.46m。九江-星子水位落差历年对比见表 4-15。

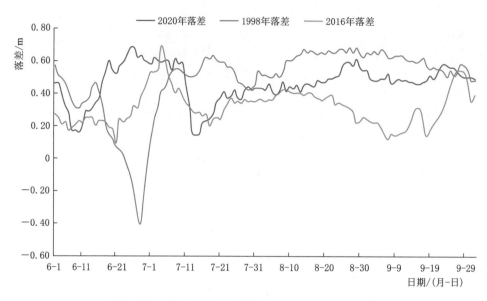

图 4-15 2020 年 6—9 月九江-星子水位落差过程线

表 4-15   九江-星子水位落差历年对比表   单位：m

年份	九江站超警时 与星子站落差	九江站出现洪峰时 与星子站落差	星子出现洪峰时 与星子站落差	年最大落差	年最小落差
2020	0.61	0.14	0.15	0.68	0.14
2016	0.51	0.29	0.29	0.69	0.16
1998	−0.41	0.50	0.29	0.68	−0.41
1996	0.62	0.64	0.61	0.79	0.42
1995	0.15	0.28	0.24	0.72	−0.06

注：每日 8 时水位分析。

综上所述，在 2020 年 7 月鄱阳湖流域性大洪水中，受鄱阳湖洪水与长江江西段洪水顶托共同影响，湖区洪水宣泄不畅，导致九江-星子水位落差总体偏小，江、湖洪水相互作用影响，一定程度上抬高了长江江西段与鄱阳湖水位。

4.5 鄱阳湖洪水

4.5.1 湖区洪水

1. 水位

受持续强降雨影响，鄱阳湖水位自 6 月下旬起快速上涨，湖口站 7 月 6 日 2 时水位涨至警戒水位 19.50m，"鄱阳湖 2020 年第 1 号洪水"形成。

鄱阳湖星子站 20d 涨幅近 7m，连续 8d 日涨幅在 0.37m 以上，7 月 5 日 1 时超警戒后 8d 达洪峰水位 22.63m（7 月 12 日 23 时），超警戒水位 3.63m，超有纪录以来最高水位 0.11m（1998 年 22.52m），单日最大涨幅 0.65m（7 月 7 日），该涨幅列有纪录以来第 2

位（1998年0.71m），22m以上高水位时间共维持8d。超警戒时间长，共59d，列有纪录以来第4位，仅次于1998年、1999年、1954年。鄱阳湖湖口站洪峰水位22.49m，列有纪录以来第2位，仅比1998年水位低0.10m。

从水位数据上看，2020年鄱阳湖星子站最高水位分别较1954年、1998年高0.78m、0.11m；从高水位历时上看，处于22m以上水位天数8d，仅次于1998年19d，处于19m、20m以上水位天数分别比1998年少37d、52d。鄱阳湖水位在不到1个月内由之前较同期偏低急转偏高，洪峰形状较各洪水典型年更为尖瘦，可见2020年鄱阳湖流域性大洪水是近70年来来势最迅猛的一年。

2020年6—9月鄱阳湖星子站水位过程线如图4-16所示，鄱阳湖星子站年最高水位前十位超警天数统计见表4-16。鄱阳湖星子站2020年、1998年、1954年水位过程线对比如图4-17所示。

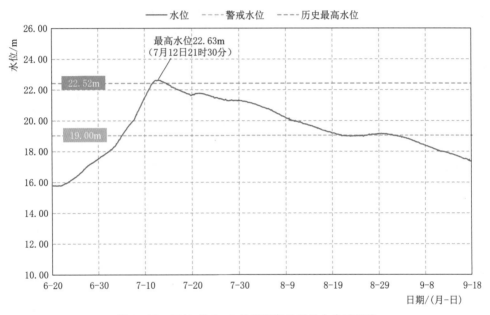

图4-16 2020年6—9月鄱阳湖星子站水位过程线

表4-16 鄱阳湖星子站年最高水位前十位超警天数统计表

年份	超警戒天数/d	超关键水位天数/d				年最高水位/m
		洪峰水位22～23m	洪峰水位21～22m	洪峰水位20～21m	洪峰水位19～20m	
2020	59	8	17	10	24	22.63
1998	96	19	51	17	9	22.52
1999	74	1	21	27	25	22.01
1995	39		20	9	10	21.93
1954	123		63	34	26	21.85
1983	51		17	12	22	21.79

续表

年份	超警戒天数/d	超关键水位天数/d				年最高水位/m
		洪峰水位 22~23m	洪峰水位 21~22m	洪峰水位 20~21m	洪峰水位 19~20m	
2016	35		11	15	9	21.38
1996	47		7	26	14	21.14
1973	43			24	19	20.98
2017	20			14	6	20.88

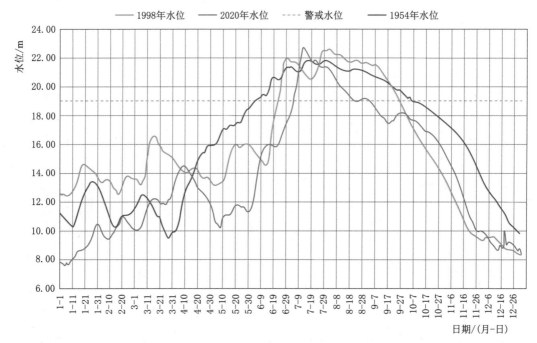

图 4-17 鄱阳湖星子站 2020 年、1998 年、1954 年水位过程线对比图

2. 流量

2020 年五河入湖最大日均流量为 7 月 11 日 39600m³/s，列有纪录以来第 4 位（第 1 位为 1955 年 54700m³/s）。通江水体面积最大时约 4400km²，较 6 月下旬起涨时增加近 1900km²；容积最大时约 360 亿 m³，较 6 月下旬增加近 290 亿 m³。与此同时，长江 1 号、2 号、3 号洪峰先后形成，给鄱阳湖造成巨大压力，仅 7 月 6—8 日不到 40h，鄱阳湖湖口站倒灌 3 亿 m³，最大倒灌流量 3160m³/s。

4.5.2 洪水组成

鄱阳湖湖口站是鄱阳湖出口控制站，集水面积约 16 万 km²，2020 年鄱阳湖入湖洪水由五河合成、区间与倒灌共 9 种水源予以叠加而成。

鄱阳湖 2020 年组成统计见表 4-17。从洪量组成看，鄱阳区间最大 7d、15d 洪量占比居首位，最大 1d、3d 洪量占比居第 2 位，所占比例在 24.2%～25.7%之间；赣江外洲站最大 1d、3d 洪量占比居首位，最大 7d、15d 洪量占比居第 2 位，所占比例在 22.6%～25.8%之间；信江梅港站各时段最大洪量均居第 3 位，所占比例在 11.8%～ 14.9%之间。2020 年鄱阳湖（湖口）总入流洪水组成如图 4-18 所示，2020 年鄱阳湖（湖口）总入流（实测）洪量地区组成如图 4-19 所示。

2020 年鄱阳湖区间来水占比较面积占比明显偏大，面积比仅 15.7%，但来水占比在 24.2%以上；各支流来水中信江梅港站、昌江渡峰坑站、乐安河虎山站来水占比均较面积占比明显偏大，面积占比仅分别为 9.6%、3.1%、3.9%，但 3d 以上来水占比分别在 13.2%、8.9%、8.6%以上；赣江来水占比远小于面积占比。长江倒灌对洪水造峰影响不大。

表 4-17　　　　　　　　　　鄱阳湖 2020 年洪水组成统计表

时段	水系	赣江	抚河	信江	昌江	乐安河	潦河	修河	鄱阳湖区间	长江倒灌
	控制站	外洲	李家渡	梅港	渡峰坑	虎山	万家埠	虬津		
	集水面积/km²	80948	15811	15535	5013	6374	3548	9497	25499	
	占湖口比/%	49.9	9.8	9.6	3.1	3.9	2.1	5.9	15.7	
1d	洪量/亿 m³	16.8	5.1	7.7	6.5	5.9	2.5	2.8	16.1	1.6
	占比/%	25.8	7.8	11.8	10.0	9.1	3.8	4.3	24.8	2.5
3d	洪量/亿 m³	38.9	12.3	20.5	15.6	13.4	5.7	8.1	37.6	3
	占比/%	25.1	7.9	13.2	10.1	8.6	3.7	5.2	24.2	1.9
7d	洪量/亿 m³	56	16.6	31.3	24.8	23.4	9	14.6	59.3	3
	占比/%	23.5	7.0	13.2	10.4	9.8	3.8	6.1	24.9	1.3
15d	洪量/亿 m³	74.5	20.8	49.2	29.3	33	12.7	22.4	84.7	3
	占比/%	22.6	6.3	14.9	8.9	10.0	3.9	6.8	25.7	0.9

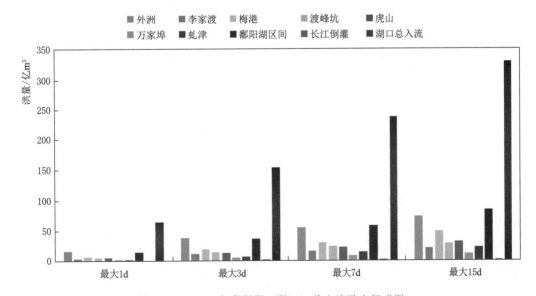

图 4-18　2020 年鄱阳湖（湖口）总入流洪水组成图

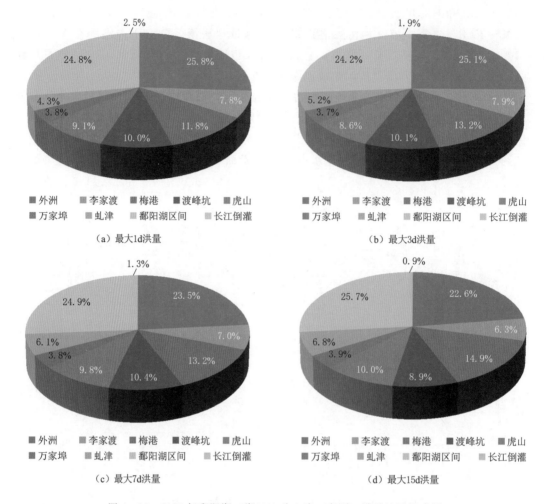

图 4 - 19　2020 年鄱阳湖（湖口）总入流（实测）洪量地区组成图

综上所述，2020 年鄱阳湖区间来水突出，其来水占比较面积占比明显偏大，区间来水造峰作用明显；支流中信江、昌江、乐安河、修河来水较为突出，其来水占比较面积比偏大或相当；2020 年鄱阳湖（湖口）总入流主要由鄱阳湖区间及赣江、信江、昌江、乐安河、修河来水组成。

4.6　径流量

2020 年鄱阳湖流域来水 1226 亿 m³，与常年（1240 亿 m³）基本持平。来水时空分布不均，抚河、饶河、修河偏多 1～4 成，赣江、信江偏少 1 成；来水主要集中在 7 月，占汛期的 32%，是常年同期 2 倍，其中饶河偏多 1.5 倍以上。鄱阳湖出湖水量 1548 亿 m³，较常年（1443 亿 m³）偏多 7.3%。2020 年五河入湖水量统计见表 4 - 18，2020 年五河入湖及出湖水量与常年同期对比见表 4 - 19。

表 4－18   2020 年五河入湖水量统计表

河名	站名	入湖水量/亿 m³		比 值
		2020 年	常年均值	
赣江	外洲	622.9	689.2	0.90
抚河	廖家湾	78.31	86.54	0.90
	娄家村	46.72	51.11	0.91
信江	梅港	178.8	181.8	0.98
饶河	渡峰坑	74.15	47.58	1.56
	虎山	89.93	72.14	1.25
修河	虬津	100.0	90.45	1.11
	万家埠	47.66	35.83	1.33

表 4－19   2020 年五河入湖及出湖水量与常年同期对比表

项 目		1 月	2 月	3 月	4 月	5 月	6 月	7 月	8 月	9 月	10 月	11 月	12 月	全年
五河合成入湖水量	2020 年/亿 m³	33.23	55.17	126.6	131.3	105.1	230.3	287.8	60.81	82.21	55.77	31.22	26.31	1226
	常年均值/亿 m³	42	57.09	113.4	170.2	205.9	236	141.8	78.74	64.69	49.46	42.87	38.21	1240
	比值	0.79	0.97	1.12	0.77	0.51	0.98	2.03	0.77	1.27	1.13	0.73	0.69	0.99
出湖水量	2020 年/亿 m³	37.75	75.58	120.1	179.4	121.4	192.3	231.8	162.3	145.7	142.3	95.73	43.61	1548
	常年均值/亿 m³	46.70	61.42	118.2	178.3	212.0	223.0	153.8	126.1	98.24	98.33	77.35	49.27	1443
	比值	0.81	1.23	1.02	1.01	0.57	0.86	1.51	1.29	1.48	1.45	1.24	0.89	1.07

4.7 洪水还原分析

在应对 2020 年鄱阳湖流域性大洪水中，万安、峡江、柘林等大中型水库充分发挥了拦洪、削峰、错峰作用，最大程度上减轻了湖区防洪压力。省防指分别于 7 月 9 日、13 日发布了《关于切实做好单退圩堤运用的通知》《关于全面启用单退圩堤蓄滞洪的紧急通知》，11 日单退圩堤开始有序进洪，为实行退田还湖工程 22 年来首次全部运用，12 日鄱阳湖湖口站洪峰水位 22.49m，超警戒水位 2.99m，列有纪录以来第 2 位，成功避免了康山蓄滞洪区的启用。

鄱阳湖入湖流量由五河入湖流量与区间入流共同组成。根据出湖流量过程、单双退圩堤库容曲线及三座溃口圩堤进洪过程推算出鄱阳湖实际库容曲线，从而反推入湖过程，并用水量平衡法验证。经计算，鄱阳湖最大入湖流量为 47500m³/s（7 月 11 日），鄱阳湖区间最大流量为 7 月 8 日 21600m³/s。

经还原分析：2020 年 7 月，鄱阳湖流域干支流大中型水库累计拦蓄洪量共 18 亿 m³，相应降低鄱阳湖水位约 0.18m；鄱阳湖区及长江九江段开闸进洪圩堤共 213 座（鄱阳湖区 185 座，长江九江段 17 座，其他圩堤 11 座），鄱阳湖 185 座单退圩堤分洪量达 26.2 亿

m³，降低湖区水位 0.2～0.3m。

4.8 与典型年洪水比较

2020 年鄱阳湖流域发生流域性大洪水，选取鄱阳湖流域汛情较为严重的洪水年份 1954 年、1998 年、2010 年、2016 年作为典型年进行对比分析。

4.8.1 水位

1954 年、1998 年、2010 年、2020 年鄱阳湖流域均发生流域性大洪水，2016 年发生区域性大洪水。1954 年修河、鄱阳湖发生较大洪水，永修站水位 22.59m，星子站水位 21.85m，列有纪录以来第 5 位。1998 年抚河、信江、饶河、修河及鄱阳湖均发生较大洪水，李家渡站水位 33.08m，梅港站水位 29.84m，渡峰坑站水位 34.27m，均列有纪录以来第 1 位；永修站水位 23.48m，星子站水位 22.52m，均列有纪录以来第 2 位；虎山站水位 30.33m，列有纪录以来第 3 位。2010 年赣江、抚河、信江发生较大洪水，外洲水位 24.23m，列有纪录以来第 1 位；梅港水位 29.82m，列有纪录以来第 2 位；李家渡水位 32.70m，列有纪录以来第 3 位。2016 年昌江、修河发生较大洪水，渡峰坑站水位 33.89m，永修站水位 23.18m，均列有纪录以来第 3 位。2020 年昌江、修河及鄱阳湖发生较大洪水，星子站水位 22.63m，永修站水位 23.63m，均列有纪录以来第 1 位；渡峰坑水位 33.94m，列有纪录以来第 2 位。2020 年鄱阳湖流域各主要控制站年最高水位与典型年对比见表 4－20。

表 4－20　　　2020 年鄱阳湖流域各主要控制站年最高水位与典型年对比

| 流域 | 站名 | 最高水位/m | | | | | 有纪录以来最高 | |
		2020 年	2016 年	2010 年	1998 年	1954 年	年份	水位/m
赣江	外洲	24.76	22.34	24.23	25.07	24.32	1982	25.6
抚河	李家渡	30.04	30.18	32.70	33.08	31.28	1953	31.57
信江	梅港	27.66	25.60	29.82	29.84	26.86	1998	29.84
饶河	渡峰坑	33.94	33.89	32.75	34.27	30.27	1998	34.27
	虎山	30.18	25.71	28.54	30.33	27.93	2011	31.18
修河	永修	23.63	23.18	20.55	23.48	22.59	2020	23.63
鄱阳湖	星子	22.63	21.38	20.31	22.52	21.85	2020	23.63

4.8.2 洪峰洪量

2020 年鄱阳湖入湖洪量与典型年入湖洪量进行比较：2020 年最大 1d、3d 入湖洪量低于 1998 年、2010 年，列第 3 位；最大 7d 洪量低于 2010 年、1998 年，高于 1954 年、2016 年，其他时段最大洪量仅高于 2016 年，最大 7d、15d、30d 入湖洪量分别为 1998

年的 70％、57％、61％。由此可见，短历时洪量大、五河洪水遭遇恶劣等因素是造成 2020 年出现有纪录以来最高洪水位的主要原因。2020 年鄱阳湖入湖洪量与典型年对比见表 4-21。

表 4-21 2020 年鄱阳湖入湖洪量与典型年对比

年份	最大日均流量/（m³/s）	出现日期/（月-日）	最大洪量/亿 m³				
			1d	3d	7d	15d	30d
2020	39600	7-11	34.2	96.6	156.2	234.0	323.5
1954	33300	6-17	28.8	79.1	145.2	287.8	514.4
1998	48000	7-13	41.5	111.3	222.7	411.5	530.5
2016	25800	5-10	18.0	45.0	90.9	145.6	265.8
2010	45800	7-12	39.6	107.0	210.0	322.0	449.1

4.9 洪水重现期

1. 赣江外洲水文站

赣江南昌河段调查历史洪水有 1901 年、1924 年、1937 年洪水，推算得外洲站洪峰流量分别为 20800m³/s、24700m³/s、19300m³/s；实测最大洪峰流量为 2010 年 21500m³/s。2020 年实测洪峰流量 19500m³/s，居第 7 位（含调查洪水），重现期约 20 年。

2. 昌江渡峰坑水文站

昌江渡峰坑河段调查历史洪水有 1884 年、1916 年、1942 年洪水，推算得渡峰坑站洪峰流量分别为 13000m³/s、11000m³/s、10000m³/s；实测最大洪峰流量为 1998 年 8600m³/s。2020 年实测洪峰流量 8470m³/s，居第 5 位（含调查洪水），重现期约 20 年。

3. 乐安河虎山水文站

乐安河虎山河段调查历史洪水有 1882 年、1935 年，推算得虎山站洪峰流量分别为 13000m³/s、10700m³/s，实测最大流量为 1967 年 10100m³/s。2020 年实测洪峰流量 7680m³/s，居第 7 位（含调查洪水），重现期约 10 年。

4. 潦河万家埠水文站

潦河万家埠河段调查历史洪水有 1915 年，根据洪痕推算得万家埠站洪峰流量为 6690m³/s；实测最大洪峰流量为 1977 年 5600m³/s。2020 年实测洪峰流量 4490m³/s，居第 5 位（含调查洪水），重现期约 10 年。

5. 修河永修站

修河永修站 2020 年实测洪峰水位 23.63m，超警戒水位 3.63m，居有纪录以来第 1 位，高于原有纪录以来最高水位 0.15m（23.48m，1998 年）。根据永修站年实测最高水位资料分析计算，重现期约 20 年。

6. 鄱阳湖星子站

鄱阳湖星子站 2020 年实测最高水位 22.63m，超警戒水位 3.63m，居有纪录以来第 1

位，高于原有纪录以来最高水位 0.11m（22.52m，1998 年），根据星子站实测年最高水位资料分析计算，重现期约 30 年。2020 年鄱阳湖入湖洪量与典型年对比见表 4-22。

表 4-22　　　　　　　　　**2020 年鄱阳湖入湖洪量与典型年对比**

流域	站名	2020 年实测最大流量 /(m³/s)	2020 年实测最高水位 /m	排位 (含调查洪水)	重现期 /年
赣江	外洲	19500		7	20
昌江	渡峰坑	8470		5	20
乐安河	虎山	7680		7	10
潦河	万家埠	4490		5	10
修河	永修		23.63	1	20
鄱阳湖	星子		22.63	1	30

4.10　高水位成因

2020 年鄱阳湖流域过程性雨量之大、流域性水情之猛均超历史，鄱阳湖星子站自超警至出现最高水位仅历时 8d，鄱阳湖湖口站仅历时 6d，在短时间内出现高水位的成因与多方因素相关。

1. 降雨强度大、范围广、极端性强

7 月上旬赣北、赣中遭受大暴雨袭击，累计面雨量达 300～500mm。全省平均降雨量高达 228mm，为同期均值的近 4 倍，列有纪录以来第 1 位，其中南昌、九江、上饶、宜春、景德镇 5 市降雨量均列有纪录以来第 1 位，是同期均值 4～6 倍。浮梁县（279mm）、彭泽县（264mm）最大 24h 面平均雨量暴雨频率均达 50 年一遇，吉州区（269mm）最大 24h 面平均雨量暴雨频率超 100 年一遇，多站最大 3h、6h、12h、24h 面平均雨量暴雨频率超 100 年一遇。累计点雨量最大为上饶市三清山南索道站 603mm，全省 70 多个县（区）近 2000 个站点降雨量超过 250mm，笼罩面积 7.3 万 km²，占江西国土面积的 43%。降雨强度大、范围广、极端性强，是形成 2020 年高水位的基本条件。

2. 前期来水丰、河湖底水高

2020 年 6 月，鄱阳湖流域共出现 5 次降雨过程，其中 3 次强降雨过程，6 月全省平均降雨量 303mm，较常年同期偏多 13%，除赣州市外各地市降雨量均偏多，偏多幅度 7%～76%，尤其 6 月下旬，流域平均降雨量较常年同期偏多 24%。鄱阳湖星子站水位短短 10d 左右时间上涨了约 2.5m，至 7 月 2 日 8 时已涨至 18.01m，水位由之前较同期偏低转为偏高，奠立了鄱阳湖高水位的基础。

3. 五河洪水遭遇恶劣及长江高位顶托

集中高强度的降雨导致一周内五河及鄱阳湖接连发生 12 次编号洪水，五河洪水呈现恶劣遭遇和反复叠加，五河入湖最大日均流量 39600m³/s，列有纪录以来第 4 位；与此同时"长江 1 号洪水"于 7 月 2 日 10 时形成，长江来水持续加大并于 7 月 6 日 23 时发生倒灌，倒灌最大流量 3160m³/s，倒灌总水量 3 亿 m³。五河干支流来水及长江高位顶托，湖区洪水宣泄不畅，致使鄱阳湖星子站高水位且持续时间长、消退缓慢。

第 5 章

暴雨洪水及鄱阳湖湖盆调查

2020 年鄱阳湖流域发生流域性大洪水后，江西省水文监测中心第一时间对流域内暴雨洪水进行了广泛细致的调查分析，发生超纪录洪水的流域和河段为本次调查的重点。

5.1 暴雨洪水调查

2020 年 7 月上旬，赣北、赣中普降暴雨，局部特大暴雨，致使山洪暴发、河水猛涨，给当地人民生命财产造成巨大损失。洪水过后江西省水文监测中心迅速组织人员在暴雨中心地区进行暴雨洪水调查，本次调查采用 RTK 与全站仪相结合的方法开展外业测量。

5.1.1 山洪调查

本次山洪调查重点区域为赣北特大暴雨区域，即景德镇市浮梁县、九江市彭泽县内太平河流域、响水滩河流域及东升河小流域，主要调查内容为山洪发生时间、受灾情况等。

1. 浮梁县山洪调查

7 月 2—8 日，景德镇市遭受持续强降雨侵袭，浮梁县江村、瑶里、黄坛、蛟潭等多个乡镇受灾较为严重。7 日 14 时 30 分许，浮梁县境内的济广高速湖山二隧道处和瓜岭隧道处山洪暴发，隧道内严重积水，瓜岭隧道下方涵洞发生管涌，影响双向车辆正常通行。206 国道因受淹中断，省道 3 条受淹中断，县、乡、村道路受淹中断 97 条，塌方 60 余处，冲毁桥梁 2 座。据初步统计，洪灾共造成 8.9 万余人受灾，预计直接经济损失达 7434 万元，其中水利损失 3786 万元。

2. 彭泽县山洪调查

7 月 7—9 日，彭泽县普降暴雨，局部特大暴雨，致使山洪暴发，河水猛涨，太平河流域累计降雨量达 357mm。流域控制站天红站洪峰水位 40.64m，创该站有纪录以来最高水位，实测最大流量 597m³/s。流域内天红镇受灾人口 1.56 万人，农作物受灾面积 1404hm²，倒塌房屋 7 间，直接经济损失 8386.75 万元；太平关乡受灾人口 7300 人，农作物受灾面积 449hm^2，直接经济损失 1188.1 万元。

3. 响水滩河流域山洪调查

7 月 7—9 日，响水滩河流域累计降雨量 432.7mm。杨梓站从 7 月 7 日 4 时 0 分 48.05m 开始起涨，14 时 10 分出现第一次洪峰水位 51.77m，涨幅达 3.72m；8 日 7 时 15 分出现第二次洪峰水位 51.92m，为有纪录以来最高水位，复涨幅度达 2.87m，过程总涨幅达 3.88m，实测最大流量 160m^3/s。流域内杨梓镇受灾人口 11026 人，农作物受灾面积 2095hm^2，倒塌房屋 14 间，直接经济损失 8657.07 万元。

4. 东升河流域山洪调查

7 月 7—9 日，东升河流域累计降雨量 249.5mm。东升站从 7 月 6 日 21 时 30 分 25.83m 开始起涨，7 日 13 时 40 分出现第一次洪峰水位 29.57m，涨幅达 3.74m；8 日 4 时 20 分开始复涨，12 时 10 分出现第二次洪峰水位 28.66m，复涨幅度达 1.28m，过程总涨幅 3.74m。流域内东升镇受灾人口 8007 人，农作物受灾面积 666hm^2，直接经济损失 620 万元。

5.1.2　河段洪水调查

本次河段洪水调查的范围是信江、饶河及其支流，鄱阳湖区西河、潼津水。工作内容包括：调查洪水发生时间，查勘洪痕及河段纵、横断面，调查核实实测洪水资料，分析洪水地区组成、选定推流参数，计算洪峰流量等。

1. 信江流域

6 月底，信江流域普降大到暴雨，局部特大暴雨，暴雨中心位于信江中上游。受强降雨影响，支流饶北河煌固站和金沙溪溪西站均发生建站以来第 2 高洪水位。7 月上旬信江全流域再次出现强降雨过程，江西省水文监测中心于 7 月 15—20 日前往暴雨中心进行了洪水调查。

本流域调查河段为信江支流饶北河、甘溪河及罗塘河河段，通过断面测量及对沿河村落走访调查，推求饶北河下游煌固站断面、甘溪河中游溪西站断面、罗塘河上游焦坑站断面及下游雷溪站断面洪峰流量。

结合调查成果，通过比降面积法推算饶北河煌固站洪峰流量 680m^3/s（6 月 30 日）、甘溪河溪西站洪峰流量 299m^3/s（6 月 30 日）、罗塘河焦坑站洪峰流量 811m^3/s（7 月 9 日）、雷溪站洪峰流量 1570m^3/s（7 月 9 日），见表 5-1。

表 5-1　　　　　　　　信江流域各调查断面洪峰流量计算成果表

河名	断面位置	洪水时间 /（月-日）	水位 /m	集水面积 /km^2	比降 /‰	糙率	洪峰流量 /（m^3/s）
饶北河	煌固站	6-30	98.83	424	0.420	0.031	680
甘溪河	溪西站	6-30	98.50	161	0.720	0.040	299
罗塘河	焦坑站	7-9	77.01	223	0.212	0.050	811
罗塘河	雷溪站	7-9	38.02	566	0.134	0.034	1570

2. 乐安河流域

本流域调查河段为沿乐安河支流清华水上游大鄣山公路桥至婺源县城郊金水湾处，全长约40km，调查重点为大鄣山河段、清华镇河段、思口镇河段、乌坑村河段，共调查洪痕36处。

结合调查成果，通过比降面积法推算乐安河清华水乌坑站洪峰水位79.47m（7月8日），洪峰流量3050m³/s，见表5-2。将该结果与婺源县2017年6月24日出现的超百年洪水洪痕进行高差比对，对比表明：2020年7月8日乌坑站以上河段洪水位均高于2017年。

表5-2　　　　　　　　　乐安河流域调查断面洪峰流量计算成果表

河名	断面位置	洪水时间/(月-日)	水位/m	集水面积/m²	比降/‰	糙率	流量/(m³/s)
清华水	乌坑站	7-8	79.47	475	0.550	0.470	3050

3. 昌江流域

本流域调查河段为昌江流域一级支流小北港和建溪水，其中小北港推流断面为峙滩镇龙潭村委会红旗大桥上游，建溪水推流断面为蛟潭镇新桥村金家门分场鲍光明家。

结合调查成果，通过比降面积法推算小北港调查断面洪峰水位61.02m（7月8日），洪峰流量2360m³/s；建溪水调查断面洪峰水位49.27m（7月7日），洪峰流量1190m³/s，见表5-3。

表5-3　　　　　　　　　昌江流域各支流调查断面洪峰流量计算成果表

河名	断面位置	洪水时间/(月-日)	水位/m	集水面积/m²	比降/‰	糙率	流量/(m³/s)
小北港	峙滩镇龙潭村委会红旗大桥上游	7-8	61.02	1920	0.182	0.040	2360
建溪水	蛟潭镇新桥村金家门分场鲍光明家	7-7	49.27	669	0.514	0.040	1190

4. 鄱阳湖区及昌江尾闾区域

本流域调查河段为为鄱阳县西河、潼津河流域及昌江尾闾相关乡镇。西河流域从安徽东至瀼塘大桥至银宝湖乡，全长53.4km；西河支流响水滩河从响水滩乡政府至漳田渡，全长12.5km；潼津河流域莲花山乡至程家大桥，全长58.4km；支流千秋河从枧田街至田畈街，全长20.9km；昌江尾闾主要河段为凰岗新大桥上游约1km处开始至鄱阳水位站，全长70km。

结合调查成果，通过比降面积法推算西河石门街断面洪峰流量2520m³/s（7月8日），重现期约80年一遇；潼津河流域大塘埠断面洪峰流量801m³/s（7月8日）；千秋河田畈街断面洪峰流量814m³/s（7月9日）；昌江凰岗断面洪峰流量8700m³/s（7月9日），其他断面调查情况详见表5-4。

表 5−4　　　　　　　西河、潼津河各河段调查断面洪峰流量计算成果表

河流名称	断面位置	洪水时间/(月-日)	集水面积/m²	比降/‰	糙率	洪峰流量/(m³/s)	备注
西河	石门街	7−8	841	0.58（主槽）/0.46（漫滩）	0.043（主）/0.18（漫滩）	2520	
	潼滩村	7−8	1341	0.140	0.035（主）/0.18（漫滩）	3660	
响水滩河	响水滩	7−8	375	0.940	0.051	1203	
潼津河	大塘埠	7−8	349	0.860	0.040	801	
	马尾港	7−8	395	0.340	0.033	865	
千秋河	莲花	7−8	282	0.820	0.035（主）/0.10（漫滩）	649	
	田畈街	7−9	380	0.530	0.042	814	
昌江	凰岗水位站	7−9	5275	0.182	0.030	8700	
	景电码头	7−9	5384	0.105	0.047	7150	
	古县渡水位站	7−9	5851	0.061	0.038	7220	上下游均漫滩
	昌洲乡刘凤嘴村	7−9	昌江右支	0.183	0.037	5100	
	昌洲乡湖家滩村	7−9	昌江右支	0.178	0.041	5160	
	鄱阳镇邓家村	7−9	昌江右支	0.068	0.037	3510	

5.1.3　溃口调查

在 2020 年鄱阳湖流域性大洪水中我省圩堤多处漫决，为准确计算出河道洪水过程及洪水总量，为今后抗洪保堤工作提供科学依据，江西省水文监测中心开展了溃口情况调查。主要调查范围为万亩以上圩堤和部分千亩以上圩堤，工作内容为堤防特征、溃决时间、决口方式、决口断面测量、分析计算决口流量等。调查万亩以上的圩堤有修河三角联圩、昌江问桂道圩和昌江中洲圩三处溃口，千亩以上的主要分布在鄱阳县境内。三角联圩、问桂道圩和中洲圩溃口情况详见后文 8.3.1，本节主要对千亩以上圩堤情况展开论述。

在本次鄱阳湖流域性大洪水过程中，鄱阳县境内三十余处千亩以上圩堤在 7 月 8—10 日均不同程度的出险，其中 1 万～5 万亩圩堤 7 处，千亩至万亩圩堤 26 处，具体见表5−5；2020 年 7 月 14—15 日江西省水文监测中心对出险圩堤进行了初步调查，对 13 处漫决圩堤进行了细致的访问调查，具体见表 5−6。

表 5－5   2020 年鄱阳县千亩以上圩堤汇总表

序号	圩堤名称	所在河流（湖泊）名称	责任单位	堤防长度/km	决口长/m	决口数/处
1 万～5 万亩						
1	莲北圩	鄱阳湖	莲湖	17.425	283.0	2
2	莲南圩	鄱阳湖	莲湖	8.28	38.0	1
3	问桂道圩	昌江	鄱阳镇	9.61	123.0	2
4	角丰圩	饶河	鄱阳镇、饶洲街道	12.00	245.0	2
5	西河西联圩	龙泉河	油墩街、银宝湖	22.25	129.0	3
6	中洲圩	昌江	昌洲	33.72	170.0	1
7	潼丰联圩	潼津河	田畈街、柘港	22.18	243.0	3
0.1 万～1 万亩						
1	昌江圩	昌江	鄱阳镇	5.40	98.0	3
2	双丰圩	饶河	双港	7.13	125.0	1
3	崇复圩	西河	油墩街	11.50	272.0	4
4	抗胜圩	昌江	高家岭	2.30	48.0	1
5	芦埠圩	昌江	高家岭	4.50	42.0	2
6	成潭圩	昌江	古县渡	2.91	30.0	2
7	立新圩	昌江	古县渡	2.77	103.0	2
8	浦汀圩	昌江	古县渡	4.32	85.0	2
9	送瘟圩	昌江	古县渡	5.32	90.0	2
10	皖溪圩	昌江	古县渡	0.74	36.0	2
11	跃进圩	昌江	古县渡	6.30	158.0	4
12	东门渡圩	昌江	凰岗	0.80	235.0	8
13	凰岗圩	昌江	凰岗	7.60	304.6	2
14	溪口圩	昌江	凰岗	7.90	107.6	2
15	涂纪圩	乐安河	芦田	4.31	187.0	4
16	高溪圩	乐安河	饶丰	7.50	145.0	1
17	张家圩	饶河	双港	0.43	48.0	1
18	东湖圩	潼津河	田畈街	6.30	47.0	1
19	麦湖圩	潼津河	田畈街	3.60	56.0	2
20	小牛湖圩	西河	银宝湖	3.20	85.0	1
21	碾下圩	昌江	游城	4.50	47.0	2
22	新桥湖圩	鄱阳湖	游城	0.20	48.0	1
23	横溪圩	鄱阳湖	柘港	2.00	135.0	1
24	集会洲圩	鄱阳湖	柘港	2.60	104.0	2
25	前进圩	潼津河	柘港	2.80	50.5	1
26	瑞洪圩	鄱阳湖	柘港	0.50	137.0	2

表 5 - 6

鄱阳县干亩以上溃口水文要素监测成果表

溃口圩堤	溃口位置 东经	溃口位置 北纬	溃口时间（现场调查时间）/（月-日 时：分）	溃口宽/m	溃口平均水深/m	溃口内外一致时间/（月-日 时：分）	堤顶高程/m	堤内水位/m	堤外水位/m	溃口方式	洪痕高程/m	淹没面积/万亩	洪水访问情况	调查时间/（月-日 时：分）
送蓝圩	116°48′57.70″	29°06′39.70″	7-8 18：00	85	3	7-9 9：00	17.86	17.81	17.81	漫决	18.56	0.38	最高水位出现时间7月9日18：10	7-14
跃进圩	116°49′17.60″	29°05′21.80″	7-9 10：00	55	3	7-9 20：00	18.44	17.82	17.82	漫决	18.62	0.50	最高水位比堤顶高0.2~0.3m，7月9日18：00	7-14
浦汀圩	116°49′04.90″	29°04′37.70″	7-8 9：00	50	4.42	7-8 19：00	18.65	17.85	17.85	漫决	18.80	0.39	最高水位基本与古县渡站一致	7-14
凰岗圩	116°59′46.00″	29°09′11.70″	7月8日 3：00	19	3	7-8 7：50	20.47	18.35	18.35	漫决	22.40	1.78	7月8日3：00漫堤；最高水位7月8日20：00；下游闸门25m	7-14
西河西联圩	116°34′44.00″	29°22′38.20″	7-8 15：30	82	2.85	7-8 15：00	17.13	16.20	16.20	漫决	18.26	1.17	7月8日10：30开始漫堤	7-15
崇复圩	116°37′57.50″	29°24′50.30″	7-8 16：00	83	3.99	7-8 15：00	18.18	16.36	16.36	漫决	17.92	1.02	7月8日15：00最高水位	7-15
研下圩	116°49′12.027″	29°08′21.304″	7-9 11：10	19/31.8（2处）	5	7-9 20：00	17.98	17.73	17.73	漫决	18.14	0.36		7-14
新桥湖圩	116°43′51.298″	29°15′32.692″	7-10 20：00	45	5		浸港在水里面	17.14	17.14	漫决	17.72	0.45		7-14
连北圩堤	116°29′47.991″（龙口），116°33′21.3346″	29°01′15.5159″（龙口），29°03′32.2754″	7-10 9：00（龙口）；7-12 5：30	40/259	25	7-10 9：00（龙口点电排站）；7-12 5：30	17.77（龙口），17.76	16.61龙口，16.57	16.61龙口，16.57	漫决	17.08（龙口）17.05	6.50		7-15
莲南圩堤			7-9 5：30	150	4.5—5		20.19（高圩堤）/18.20			漫决		3.00		7-14
高溪圩堤			7-9 19：30			7-10 6：00		17.98	17.98	漫决	18.17	0.60		7-14
涂纪圩堤			7-10 18：30开始过水	300（3处）	4	7-10 5：30		18.05	18.05	漫决	18.31	0.70		7-14
半港圩堤			7-10 20：00							漫决				7-15

备注：表内高程为国家2000高程，暂未与吴淞基面平差，7月14日13：00采集古县渡水位：17.99m；古县渡站吴淞基面水位：22.24m。

5.2 鄱阳湖湖盆变化调查

5.2.1 断面选取及测量

鄱阳湖湖盆形态主要受水文情势和人类活动等影响，湖泊泥沙冲淤对湖盆形态变化起直接作用。湖盆形态变化对湖水物理、化学特性和湖泊生态环境产生显著影响。因此，加强鄱阳湖湖盆形态监测，对于掌握鄱阳湖水文变化过程和水生态环境演变规律，服务生态鄱阳湖流域建设及涉湖大型工程规划、论证及设计、运行均具有重要意义。

在全湖均匀布设的横断面（横向沿湖盆南北向约每5km布设一个断面，共34个），从中选取有代表性的断面固定下来，并埋设断面桩，作为湖盆形态监测的典型断面，进行常态化监测。

根据湖盆形态特点及断面布设情况，将湖区划分为入江水道区（1♯～10♯断面）、赣-修河汇合口区（11♯、12♯、13-1♯、14♯断面）、湖盆中部区（13-2♯、15-1♯、16-1♯、17♯～23♯断面）、湖盆东北部区（13-3♯、15-2♯、16-2♯断面）、湖盆南部区（24♯～26♯断面）以及青岚湖下游区（27♯～28♯断面）等6个区域，如图5-1所示。

5.2.2 冲淤分布特征

从湖区冲淤形态来看，由于五河来沙量、时程分配不同、流态变化复杂，且河段地形差异较大，使泥沙冲刷和淤积在平面和高度上分布都不相同。同时，由于人类活动（如采砂、清淤等）干扰，鄱阳湖地形，特别是主槽地形随时间发生一定程度上的改变。

根据1998年、2010年、2020年实测大断面成果，对比分析近20余年鄱阳湖典型断面形态变化特征。

1. 入江水道区域（1♯～10♯断面）

1998—2010年、2010—2020年入江水道均呈下切态势，下切程度趋缓。1998—2010年、2010—2020年断面最低点分别平均下切4.75m、1.99m；15m以下平均高程分别平均下切1.61m、0.67m。

1998—2010年断面最低点变化最大为2♯断面，下切10.57m，其次为7♯断面，下切9.18m，第三为5♯断面，下切5.32m；相应2010—2020年2♯、7♯、5♯断面分别下切1.56m、淤积1.90m、下切0.95m，断面下切程度减轻。2010—2020年断面最低点变化最大为6♯断面，下切12.07m，其次为1♯断面，下切4.65m，第三为3♯断面，下切4.42m；相应1998—2010年6♯、1♯、3♯断面分别下切4.36m、下切1.19m、下切2.46m，下切程度增加。

以15m以下平均高程分析，1998—2010年各断面平均高程变化−7.91～0.36m，淤积程度最大为1♯断面，淤积0.36m，下切程度最大为9♯断面，下切7.91m；2010—2020年各断面平均高程变化为−4.0～0.43m，淤积程度最大为9♯断面，淤积0.43m，下切程度最大为1♯断面，下切4.00m。

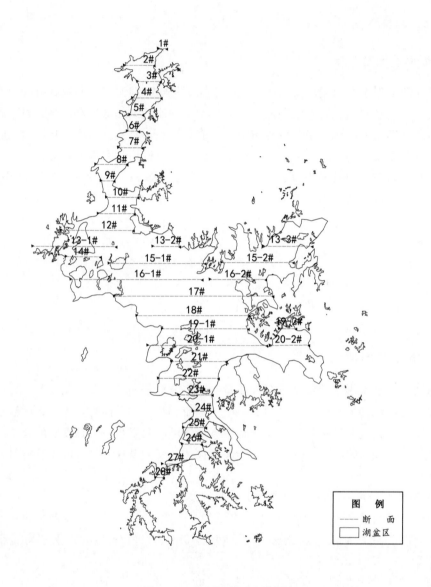

图 5-1 鄱阳湖断面布设图

入江水道区域 2010 年、2020 年各典型断面形态对比如图 5-2 所示，综合断面图变化分析，3♯、5♯、6♯、7♯、9♯断面始终受采砂活动影响；8♯断面 2010—2020 年间受采砂活动影响。

2. 赣—修河汇合口区域（11♯、12♯、13-1♯、14♯断面）

1998—2010 年、2010—2020 年赣—修河汇合口均呈下切态势，下切程度趋缓。1998—2010 年、2010—2020 年断面最低点分别平均下切 4.48m、0.73m；15m 以下平均高程分别平均下切 0.21m、0.30m。

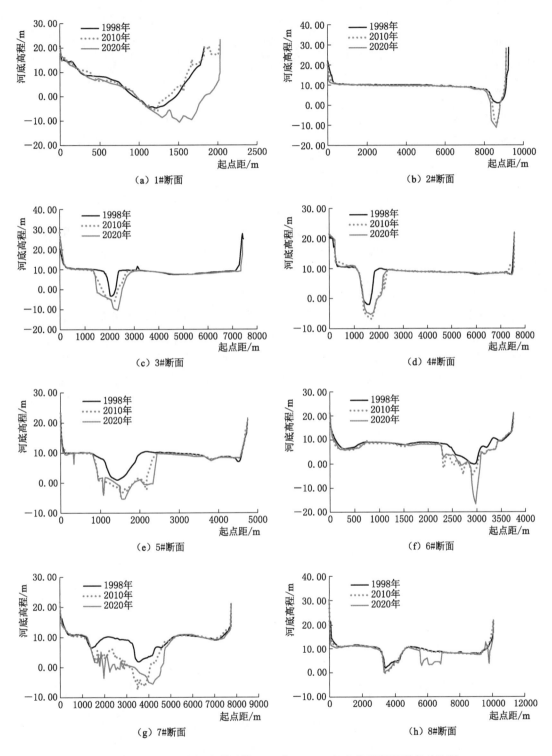

图 5-2（一） 入江水道区域 2010 年、2020 年各典型断面形态对比图

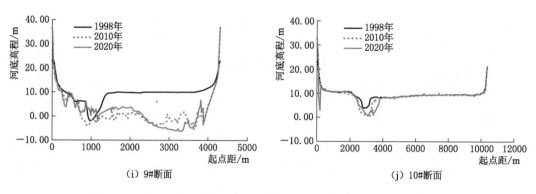

（i）9#断面　　　　　　　　　　（j）10#断面

图 5-2（二）　入江水道区域 2010 年、2020 年各典型断面形态对比图

1998—2010 年断面最低点变化最大为 12♯ 断面，下切 5.96m，其次为 13-1♯ 断面，下切 5.91m；相应 2010—2020 年 12♯、13-1♯ 断面分别下切 0.40m、下切 1.50m，断面下切程度减轻。

以 15m 以下平均高程分析，1998—2010 年各断面平均高程变化 −0.48～0.16m，淤积程度最大为 14♯ 断面，淤积 0.16m，下切程度最大为 12♯ 断面，下切 0.48m；2010—2020 年各断面平均高程变化为 −0.72～−0.02m，下切程度最大为 12♯，下切 0.72m，下切程度最小为 13-1♯ 断面，下切 0.02m。赣—修河汇合口区域 2010 年、2020 年各典型断面形态对比如图 5-3 所示，综合断面图变化分析，11♯、12♯、13-1♯ 受采砂活动影响。

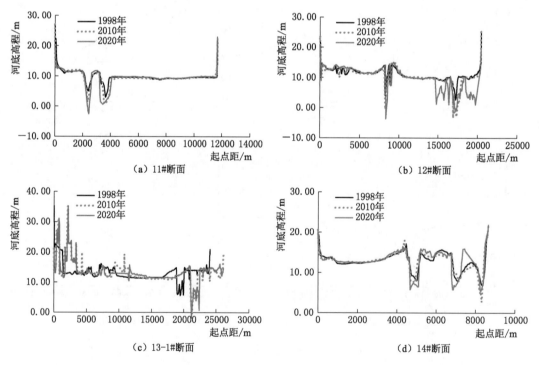

（a）11#断面　　　　　　　　　　（b）12#断面

（c）13-1#断面　　　　　　　　　　（d）14#断面

图 5-3　赣—修河汇合口区域 2010 年、2020 年各典型断面形态对比图

3. 湖盆中部区域（13-2♯、15-1♯、16-1♯、17♯～23♯断面）

1998—2010 年、2010—2020 年湖盆中部区呈淤积态势，淤积程度加重。1998—2010 年、2010—2020 年断面最低点分别平均下切 0.07m、1.17m；15m 以下平均高程分别平均淤积 0.03m、0.11m。

1998—2010 年各断面最低点变化−8.25～10.37m，淤积程度最大为 20-1♯断面，淤积 10.37m，下切程度最大为 22♯，下切 8.25m；2010—2020 年各断面最低点变化为−9.45～7.27m，淤积程度最大为 22♯，淤积 7.27m，下切程度最大为 19-2♯断面，下切 9.45m。

以 15m 以下平均高程分析，1998—2010 年各断面平均高程变化−1.23～0.72m，淤积程度最大为 19-2♯断面，淤积 0.72m，下切程度最大为 13-2♯，下切 1.23m；2010—2020 年各断面平均高程变化为−0.96～2.36m，淤积程度最大为 19-1♯，淤积 2.36m，下切程度最大为 13-2♯断面，下切 0.96m。湖盆中部区域 2010 年、2020 年各典型断面形态对比如图 5-4 所示，综合断面图变化分析，15-1♯、16-1♯、18♯受采砂活动影响。

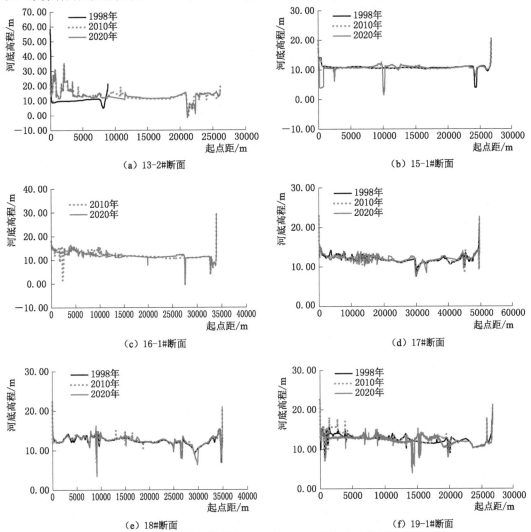

（a）13-2#断面

（b）15-1#断面

（c）16-1#断面

（d）17#断面

（e）18#断面

（f）19-1#断面

图 5-4（一） 湖盆中部区域 2010 年、2020 年各典型断面形态对比图

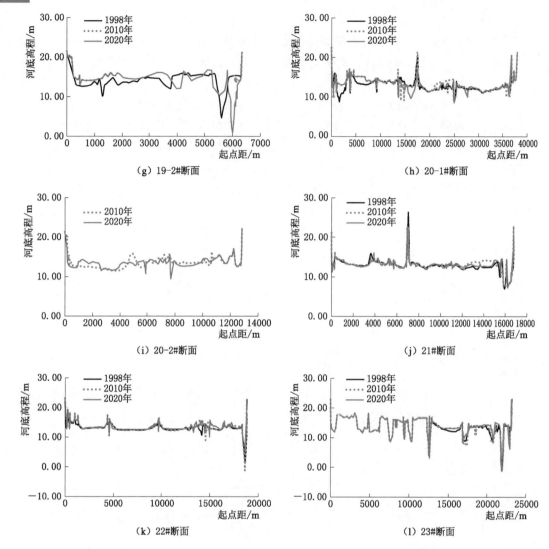

（g）19-2#断面 （h）20-1#断面

（i）20-2#断面 （j）21#断面

（k）22#断面 （l）23#断面

图 5-4（二） 湖盆中部区域 2010 年、2020 年各典型断面形态对比图

4. 湖盆东北部区（13-3♯、15-2♯、16-2♯断面）

1998—2010 年、2010—2020 年东北部呈轻微淤积态势。1998—2010 年、2010—2020 年断面最低点分别平均下切 1.36m、淤积 0.67m；15m 以下平均高程分别平均下切 0.06m、淤积 0.01m。

1998—2010 年各断面最低点变化−3.31～0.06m，淤积程度最大为 15-2♯断面，淤积 0.06m，下切程度最大为 16-2♯，下切 3.31m；2010—2020 年各断面最低点变化为−0.13～2.14m，淤积程度最大为 16-2♯，淤积 2.14m，下切程度最大为 15-2♯断面，下切 0.13m。

以 15m 以下平均高程分析，1998—2010 年各断面平均高程变化−0.15～0.04m，淤积程度最大为 15-2♯断面，淤积 0.04m，下切程度最大为 13-3♯，下切 0.15m；2010—2020 年各断面平均高程变化为−0.16～0.24m，淤积程度最大为 16-2♯，淤积

0.24m,下切程度最大为15-2#断面,下切0.14m。湖盆东北部区域2010年、2020年各典型断面形态对比如图5-5所示。

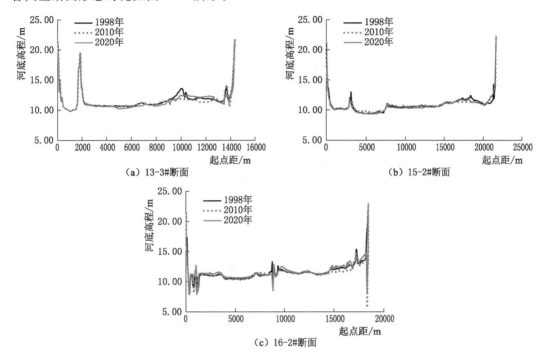

（a）13-3#断面

（b）15-2#断面

（c）16-2#断面

图5-5　湖盆东北部区域2010年、2020年各典型断面形态对比图

5. 湖盆南部区域（24♯～26♯断面）

1998—2010年、2010—2020年湖盆南部呈淤积态势,淤积程度加重。1998—2010年、2010—2020年断面最低点分别平均淤积1.47m、淤积0.75m;15m以下平均高程分别平均下切0.30m、淤积0.41m。

1998—2010年各断面最低点变化-4.86～6.60m,淤积程度最大为25♯断面,淤积6.60m,下切程度最大为26♯,下切4.86m;2010—2020年各断面最低点变化为-0.81～2.80m,淤积程度最大为26♯,淤积2.80m,下切程度最大为25♯断面,下切0.81m。

以15m以下平均高程分析,1998—2010年各断面平均高程变化-0.43～-0.05m,下切程度最大为24♯断面,下切0.43m;2010—2020年各断面平均高程变化为0.09～0.86m,淤积程度最大为24♯,淤积0.86m。湖盆南部区域2010年、2020年各典型断面形态对比如图5-6所示。

6. 青岚湖下游区域（27♯、28♯断面）

1998—2010年、2010—2020年湖盆南部呈淤积态势。1998—2010年、2010—2020年断面最低点分别平均下切1.09m、淤积0.08m;15m以下平均高程分别平均下切0.20m、淤积0.21m。

1998—2010年各断面最低点变化-4.22～2.05m;2010—2020年各断面最低点变化为0.0～0.15m。以15m以下平均高程分析,1998—2010年各断面平均高程变化

$-0.30 \sim -0.09 \mathrm{m}$；2010—2020 年各断面平均高程变化为 $-0.05 \sim 0.46 \mathrm{m}$。青岚湖下游区域 2010 年、2020 年各典型断面形态对比如图 5－7 所示。

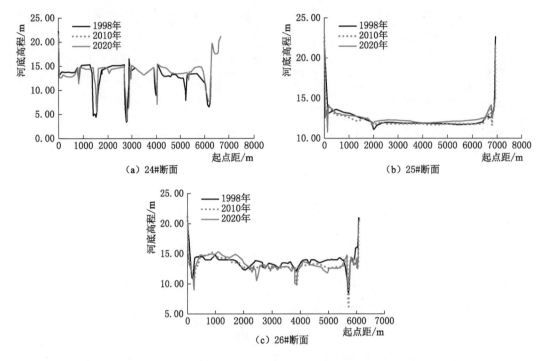

图 5－6　湖盆南部区域 2010 年、2020 年各典型断面形态对比图

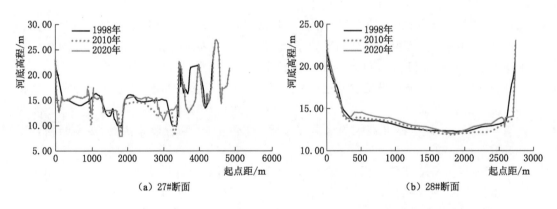

图 5－7　青岚湖下游区域 2010 年、2020 年各典型断面形态对比图

鄱阳湖区 6 个区域中，断面总体呈下切态势的入江水道区、赣—修河汇合口区，其中入江水道区断面下切最为严重，2010—2020 年较 1998—2010 年下切程度减轻。断面总体呈淤积状态的有湖盆中部区、湖盆南部地区、湖盆东北部区域、青岚湖下游区，淤积程度有所加重。受采砂等人类活动影响，鄱阳湖区主槽多处形成几百米至几千米深坑区，深度较附近洲滩下降几米乃至十几米。1998—2020 年各典型断面冲淤特征统计见表 5－7。

表 5 - 7   **1998—2020 年各典型断面冲淤特征统计**   单位：m

区域	断面号	断面最低点					断面平均高程（15m 以下）				
		1998 年	2010 年	2020 年	1998—2010 年	2010—2020 年	1998 年	2010 年	2020 年	1998—2010 年	2010—2020 年
入江水道区域	1	−4.71	−5.90	−10.55	−1.19	−4.65	4.72	5.08	1.08	0.36	−4.00
	2	0.97	−9.60	−11.16	−10.57	−1.56	9.07	8.64	8.38	−0.43	−0.26
	3	−3.36	−5.82	−10.23	−2.46	−4.42	8.53	7.45	6.65	−1.08	−0.80
	4	−2	−6.79	−5.19	−4.79	1.60	8.48	7.76	7.79	−0.72	0.03
	5	1.01	−4.31	−5.26	−5.32	−0.95	8.4	6.58	6.16	−1.82	−0.42
	6	−0.14	−4.50	−16.57	−4.36	−12.07	7.71	6.32	6.24	−1.39	−0.08
	7	1.85	−7.33	−5.43	−9.18	1.90	8.86	6.51	5.67	−2.35	−0.84
	8	2	−0.15	0.18	−2.15	0.33	9.15	8.89	8.21	−0.26	−0.68
	9	−1.96	−5.69	−6.23	−3.73	−0.55	8.87	0.96	1.39	−7.91	0.43
	10	3.87	0.10	0.61	−3.77	0.51	9.18	8.67	8.62	−0.51	−0.05
赣江、修河河口湖盆区域	11	2.96	1.09	−2.56	−1.87	−3.65	9.64	9.42	9.28	−0.22	−0.14
	12	2.7	−3.26	−3.66	−5.96	−0.40	11.01	10.53	9.81	−0.48	−0.72
	13 - 1	5.61	−0.30	−1.80	−5.91	−1.50	12.54	12.24	12.22	−0.30	−0.02
	14	7	2.80	5.43	−4.20	2.63	12.35	12.51	12.20	0.16	−0.31
湖盆中部区域	13 - 2	5	−1.54	−0.12	−6.54	1.42	9.99	8.76	7.80	−1.23	−0.96
	15 - 1	4	7.40	7.40	3.40	0.00	10.68	10.69	10.52	0.01	−0.17
	16 - 1	5.11	1.48	−0.57	−3.63	−2.05	11.4	11.32	11.68	−0.08	0.36
	17	7.59	7.82	7.58	0.23	−0.24	11.94	11.98	11.99	0.04	0.01
	18	6.82	6.94	3.39	0.12	−3.55	12.34	12.42	12.47	0.08	0.05
	19 - 1	7.39	6.90	3.94	−0.49	−2.96	12.37	12.4	14.76	0.03	2.36
	19 - 2	4.65	10.36	0.91	5.71	−9.45	13.18	13.9	13.24	0.72	−0.66
	20 - 1	−1.27	9.10	8.59	10.37	−0.51	12.62	12.9	12.77	0.28	−0.13
	20 - 2	8.77	11.50	9.50	2.73	−2.00	12.9	13.04	13.31	0.14	0.27
	21	11.14	7.40	7.31	−3.74	−0.09	12.79	13	12.97	0.21	−0.03
	22	7.05	−1.20	6.07	−8.25	7.27	12.95	13	13.21	0.05	0.21
	23	1.38	0.60	−1.22	−0.78	−1.82	12.5	12.55	12.58	0.05	0.03
湖盆东北部区域	13 - 3	10.61	9.78	9.78	−0.83	0.00	11.46	11.31	11.24	−0.15	−0.07
	15 - 2	9.4	9.46	9.33	0.06	−0.13	10.74	10.78	10.62	0.04	−0.16
	16 - 2	9	5.69	7.83	−3.31	2.14	11.4	11.32	11.56	−0.08	0.24
湖盆南部区域	24	0.72	3.40	3.65	2.68	0.25	13	12.57	13.43	−0.43	0.86
	25	5	11.60	10.79	6.60	−0.81	12.18	12.13	12.42	−0.05	0.29
	26	11.09	6.23	9.03	−4.86	2.80	13.52	13.11	13.20	−0.41	0.09
青岚湖下游区域	27	8.54	4.32	4.32	−4.22	0.00	13.38	13.08	13.03	−0.30	−0.05
	28	9.85	11.90	12.05	2.05	0.15	12.97	12.88	13.34	−0.09	0.46

第6章

水库防洪调度分析

在抗击 2020 年鄱阳湖流域性大洪水过程中，江西省防汛抗旱指挥部、江西省水利厅科学调度流域内万安、峡江、石虎塘、洪门、廖坊、柘林、江口、大坳、罗湾、小湾、浯溪口等水库进行拦洪滞洪、削峰、错峰，充分发挥水库群的调蓄作用。据统计，在 2020 年 6—7 月的暴雨洪水集中期共拦蓄水量 23.24 亿 m³，占总防洪库容的 48.3%，取得了显著的防洪效益，尤其是在应对 7 月上旬调度大中型水库 50 余次，累计拦蓄洪量 18 亿 m³，相应降低鄱阳湖水位约 0.18m，有效减轻鄱阳湖及长江九江段防洪压力。本章主要分析发挥明显防洪作用的主要水库运行情况，对水库的蓄量变化、拦蓄过程、防洪作用进行分析。

6.1 鄱阳湖流域大型水库基本情况

2020 年，鄱阳湖水系已建成大型水库（总库容在 1 亿 m³ 以上）31 座，总库容 196.97 亿 m³，防洪库容 48.77 亿 m³，具体见表 6-1、图 6-1。其中，赣江 17 座，总库容 71.65 亿 m³，防洪库容 18.24 亿 m³；抚河 2 座，总库容 16.46 亿 m³，防洪库容 3.67 亿 m³；信江 3 座，总库容 8.35 亿 m³，防洪库容 0.72 亿 m³；饶河 3 座，总库容 7.39 亿 m³，防洪库容 3.77 亿 m³；修河 3 座，总库容 88.33 亿 m³，防洪库容 19.71 亿 m³；鄱阳湖区 3 座，总库容 4.79 亿 m³，防洪库容 2.66 亿 m³。

表 6-1 　　　　　　　　　　　　鄱阳湖流域主要大型水库特征值

序号	水系	水库名称	特征水位/m					库容/亿 m³	
			死水位	汛限水位	正常蓄水位	设计水位	校核水位	总库容	防洪库容
1	赣江	万安	85.00	85.00～88.00/88.00～93.50	96.00	100.00	100.70	17.27	5.70
2		峡江	44.00	43.50～44.50/43.50～45.00	46.00	49.00	49.00	11.87	6.70
3		江口	65.00	68.50/69.50	69.50	73.54	76.26	8.90	1.14

续表

序号	水系	水库名称	特征水位/m					库容/亿 m³	
			死水位	汛限水位	正常蓄水位	设计水位	校核水位	总库容	防洪库容
4	赣江	石虎塘	56.20	56.00/56.50	56.50	59.48	61.03	7.43	0.10
5		上犹江	183.00	195.50/198.40	198.40	199.00	200.60	8.22	1.01
6		长冈	180.00	190.00	190.00	193.16	195.17	3.65	1.14
7		上游	71.00	81.00	83.00	84.86	86.24	1.83	0.48
8		社上	145.00	171.50/172.00	172.00	172.75	173.85	1.71	0.28
9		南车	142.00	159.50/160.00	160.00	16.74	163.13	1.54	0.31
10		团结	235.60	240.00/241.00	242.00	244.29	245.53	1.46	0.25
11		龙潭	440.00	481.50/482.00	482.00	482.86	483.86	1.16	0.11
12		白云山	162.00	179.50/180.00	180.00	181.14	182.82	1.14	0.24
13		油罗口	209.00	219.00/220.00	220.00	223.04	223.97	1.13	0.28
14		山口岩	221.00	243.00/244.00	244.00	246.20	246.72	1.05	0.12
15		老营盘	141.40	157.50/158.00	158.00	160.54	163.35	1.07	0.21
16		东谷	130.00	147.00/148.00	148.00	148.00	149.19	1.21	0.05
17		飞剑潭	164.00	177.00/178.00	180.00	180.92	182.28	1.01	0.12
18	抚河	廖坊	61.00	61.00/62.50	65.00	67.94	68.44	4.32	3.00
19		洪门	92.00	99.00/100.00	100.00	103.52	107.20	12.14	0.67
20	信江	大坳	197.00	216.20/217.00	217.00	217.85	220.52	2.76	0.06
21		七一	78.00	93.00/94.00	94.00	96.11	96.19	2.49	0.15
22		界牌		24.00	26.00/24.00	30.60	32.42	3.10	0.51
23	饶河	共产主义	53.60	75.30	75.30	78.05	79.80	1.44	0.61
24		滨田	37.44	47.04/48.04	48.54	63.60	64.38	1.15	0.16
25		浯溪口	45.00	50.00	56.00	62.30	64.30	4.80	3.00
26	修河	柘林	50.00	63.50/65.00	65.00	70.13	73.01	79.20	17.12
27		东津	165.00	190.00	190.00	194.43	200.23	7.95	2.34
28		大塅	197.00	209.00/210.00	212.00	212.09	213.94	1.18	0.25
29	鄱阳湖区	紫云山	71.00	79.00/81.00	82.00	84.56	86.51	1.40	0.54
30		潘桥	54.00	69.00	69.00	70.56	75.80	1.50	0.72
31		军民	57.00	81.00/82.00	82.15	85.17	86.49	1.89	1.40

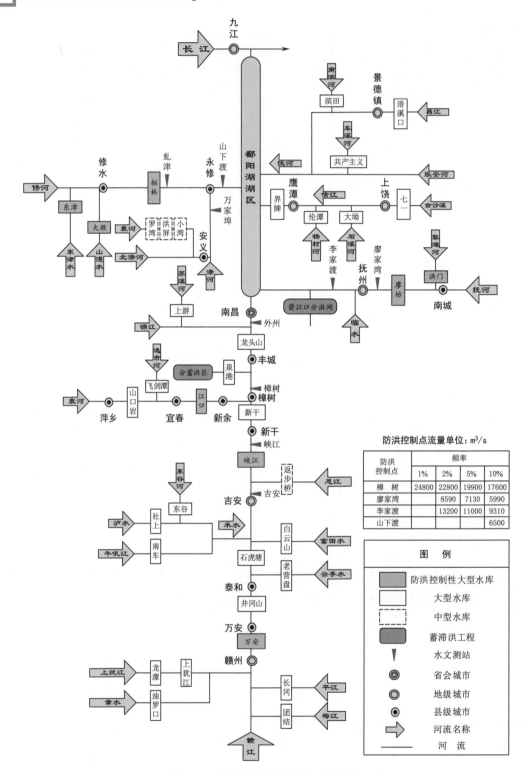

图 6-1 鄱阳湖流域主要水库示意图

防洪控制点流量单位：m³/s

防洪控制点	频率			
	1%	2%	5%	10%
樟树	24800	22800	19900	17600
廖家湾		8590	7130	5990
李家渡		13200	11000	9310
山下渡				6500

图 例

防洪控制性大型水库

大型水库

中型水库

蓄滞洪工程

水文测站

省会城市

地级城市

县级城市

河流名称

河 流

6.2　省调大型水库蓄量变化分析

2020 年，鄱阳湖流域省调大型水库共有 8 座，其中赣江 4 座、抚河 2 座、修河 2 座。2020 年汛期鄱阳湖流域省调大型水库蓄水量和补水情况统计见表 6－2：4 月、5 月鄱阳湖流域分别消落水量 3.023 亿 m^3、1.328 亿 m^3，主要来自于修河、赣江流域，其中 4 月柘林水库消落 2.410 亿 m^3，占 4 月总消落水量 81%；5 月赣江、修河仍以消落为主，其中赣江流域消落 1.460 亿 m^3。6—7 月梅雨期中，流域内各主要水库共拦蓄洪水 23.240 亿 m^3，其中柘林水库拦蓄洪水 10.660 亿 m^3，占拦蓄水量的 46%，万安水库 6.260 亿 m^3，占比 27%。8 月流域蓄水逐步消落，9 月受降雨偏多影响，部分水库回蓄，10 月流域蓄水继续消落。综上所述，柘林水库、万安水库在实际拦蓄水量上占主导地位。

表 6－2　　　　2020 年汛期鄱阳湖流域省调大型水库蓄水量和补水情况统计　　　　单位：亿 m^3

水系	水库	4 月	5 月	6 月	7 月	8 月	9 月	10 月	合计
赣江	万安	0.160	0.050	6.160	0.100	−0.200	0	−0.300	5.970
	石虎塘	0.462	−0.582	0.609	0.003	−0.081	0.098	−0.142	0.367
	峡江	−0.576	−0.778	1.801	0.576	−0.521	0.018	−0.064	0.456
	江口	−0.170	−0.150	0.810	0.060	−0.270	−0.047	−0.223	0.010
	小计	−0.124	−1.460	9.380	0.739	−1.072	0.069	−0.729	6.803
抚河	廖坊	−0.026	−0.176	0.230	0.234	0.010	−0.020	−0.205	0.047
	洪门	−0.423	0.663	1.394	0.368	−0.075	−0.156	−0.149	1.622
	小计	−0.449	0.487	1.624	0.602	−0.065	−0.176	−0.354	1.669
修河	柘林	−2.410	−0.380	9.300	1.360	0.180	−0.620	−0.540	6.890
	大墈	−0.040	0.025	0.179	0.053	−0.101	0.090	−0.117	0.089
	小计	−2.450	−0.355	9.479	1.413	0.079	−0.530	−0.657	6.979
合　计		−3.023	−1.328	20.483	2.754	−1.058	−0.637	−1.740	15.451

注：各月蓄水量变化为下月 1 日 8 时与本月 1 日 8 时的蓄水量差值，正数为蓄量增加，负数为蓄量减少。

赣江、抚河、修河流域内省调大型水库 4—10 月拦蓄水量分别占相应流域控制站径流总量的 1.46%、1.89%、7.5%，总体占比不大；分月来看，4 月、5 月水库以消落为主，水库消落水量占各站径流量比例为 0.14%～45.3%（不含抚河 5 月拦蓄水量），6 月、7 月为暴雨洪水集中期，水库拦蓄水量占各站径流量的比例 0.82%～80.9%，水库调蓄作用显著，8—10 月水库蓄水逐步消落，消落水量占各站径流比例为 0.79%～11.8%（不含修河 8 月拦蓄水量和赣江 9 月拦蓄水量）。在各流域中，修河 4—10 月水库拦蓄水量占控制站径流总量的比例最大，为 7.5%，其余流域均低于 2%，但部分月份占比较突出，以修河 6 月占比 80.9% 最大。

鄱阳湖流域主要控制站 2020 年汛期水库拦蓄量与径流总量统计见表 6－3。

表 6-3　　鄱阳湖流域主要控制站 2020 年汛期水库拦蓄量与径流总量统计

水系	控制站	项　目	4 月	5 月	6 月	7 月	8 月	9 月	10 月	4—10 月
赣江	外洲	水库拦蓄水量/亿 m³	−0.12	−1.46	9.38	0.74	−1.07	0.07	−0.73	6.80
		实测径流总量/亿 m³	87.20	55.30	120.00	89.60	37.10	38.90	37.90	466.00
		百分比/%	−0.14	−2.64	7.82	0.82	−2.89	0.18	−1.92	1.46
抚河	廖家湾＋娄家村	水库拦蓄水量/亿 m³	−0.45	0.49	1.62	0.60	−0.06	−0.18	−0.35	1.67
		实测径流总量/亿 m³	12.86	12.92	24.68	20.39	4.32	7.72	5.23	88.12
		百分比/%	−3.49	3.77	6.58	2.95	−1.49	−2.28	−6.77	1.89
修河	虬津＋万家埠	水库拦蓄水量/亿 m³	−2.45	−0.36	9.48	1.41	0.08	−0.53	−0.66	6.98
		实测径流总量/亿 m³	5.41	5.57	11.72	44.40	10.06	10.32	5.57	93.05
		百分比/%	−45.29	−6.37	80.88	3.18	0.79	−5.14	−11.80	7.50
鄱阳湖	五河合成	水库拦蓄水量/亿 m³	−3.02	−1.33	20.48	2.75	−1.06	−0.64	−1.74	15.45
		实测径流总量/亿 m³	122.64	94.43	226.6	283.19	63.09	80.4	67.13	937.48
		百分比/%	−2.47	−1.41	9.04	0.97	−1.68	−0.79	−2.59	1.65

总体而言，鄱阳湖流域省调大型水库在 2020 年汛期径流调节作用有如下认识：

（1）鄱阳湖流域省调大型水库在 6 月、7 月暴雨洪水集中期充分发挥了调洪、拦洪、滞洪作用。总拦蓄水量为 23.24 亿 m³，占总防洪库容 48.3%，减少了防汛关键期入湖径流量，充分发挥了水库群调蓄作用。

（2）鄱阳湖流域省调大型水库对径流量年际调蓄影响不大，但对年内径流分配的影响较为显著。4—10 月水库群拦蓄总水量占五河总径流量的比例不超过 2%，但部分月份占比高达 80% 以上。

（3）修河柘林水库、赣江万安水库在实际拦蓄水量上占主导地位。4—10 月柘林水库、万安水库拦蓄水量分别占鄱阳湖流域省调大型水库总拦蓄水量的 44.6%、38.6%，占比之和高达 83.2%；6 月柘林水库拦蓄水量占鄱阳湖流域省调大型水库总拦蓄水量的 45.4%，万安水库占比 30.1%，占比之和达到了 75.5%。

6.3　水库防洪作用

2020 年各阶段大型水库蓄水总体均较常年偏多，年初、汛末蓄水量较常年偏多 1 成多。汛期，江西省防汛抗旱指挥部、江西省水利厅科学调度万安、峡江、石虎塘、洪门、廖坊、柘林、江口、大坳、罗湾、小湾、浯溪口等水库进行拦洪滞洪、削峰、错峰。其中柘林、洪门、大坳等水库削峰效果显著，削峰率分别达 67%、54%、52%，尤其将柘林水库接近 30 年一遇洪峰流量 10600m³/s 削减为 3460m³/s，大大削减了下游洪峰，成功与潦河洪水错峰，降低修河下游永修站洪峰水位 0.2～0.3m；在 6 月、7 月的暴雨洪水集中期共拦蓄水量为 23.24 亿 m³，占总防洪库容的 48.3%，取得了显著的防洪效益，尤其是在应对 7 月上旬鄱阳湖流域性大洪水过程中，调度大中型水库 50 余次，累计拦蓄洪量 18 亿 m³，相应降低鄱阳湖水位约 0.18m，有效减轻鄱阳湖及长江九江段防洪压力。

6.3.1 主要大型水库典型洪水过程

1. 柘林水库

7月1日14时—12日8时柘林水库坝址以上流域普降暴雨，流域平均降雨量273.5mm，柘林水库洪水过程如图6-2所示，洪水过程时段最大降雨量见表6-4，洪水过程时段最大洪量见表6-5。暴雨主要集中在7—8日，最大6h降雨量达57.0mm，最大24h降雨量120.2mm，主峰雨8日6—14时段点降雨前3位站点：武宁站97.0mm、罗坪站92.5mm、罗溪站85.0mm，暴雨中心集中在流域下游。此次暴雨强度大、雨量集中，径流系数达0.88，洪水汇流速度快，主峰形成时间极短、峰型尖瘦，最大1d洪量约5.98亿m³。过程中水库最高水位66.49m（9日15时），超汛限1.49m；最大入库流量10600m³/s（8日19时），列有纪录以来第3位（前2位为1955年12100m³/s；1954年11300m³/s），重现期近30年，最大出库流量3460m³/s（9日18时），削峰率67%，拦蓄洪量7.46亿m³，其中6—11日拦蓄洪量达6.28亿m³。

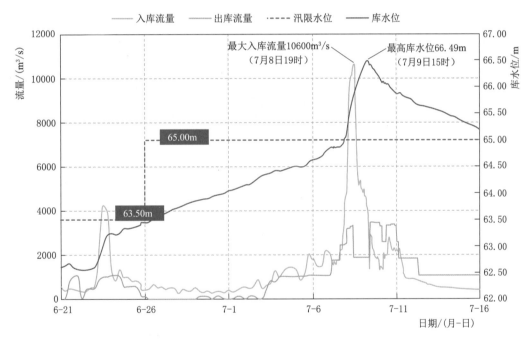

图6-2 7月1—12日柘林水库洪水过程

表6-4   **柘林水库7月1—12日洪水过程时段最大降雨量表**

时段/h	最大降雨量/mm	出现时间/（月-日 时：分）
1	15.7	7-8 10：00—11：00
3	40.0	7-8 8：00—11：00
6	57.0	7-8 7：00—13：00
24	120.2	7-7 15：00—7-8 15：00
72	167.1	7-5 16：00—7-8 16：00

表 6－5　　　　　　　　　柘林水库 7 月 1—12 日洪水过程时段最大洪量表

统计类型	最大洪量/亿 m³	开始时间/（月-日）	结束时间/（月-日）
1d 洪量	5.98	7－8	7－8
3d 洪量	11.06	7－8	7－10
5d 洪量	14.20	7－7	7－11
7d 洪量	16.72	7－5	7－11

2. 峡江水库

7 月中上旬，万安水库至峡江水库区间普降暴雨，暴雨持续时间长、强度大，7 月 8—15 日峡江水库洪水过程如图 6－3 所示，7 月 8—12 日峡江水库区间时段最大降雨量见表 6－6，7 月 8—15 日峡江水库洪水过程时段最大洪量见表 6－7。8 日 14 时—10 日 14 时吉安站、新田站至峡江水库坝址以上区间流域平均降雨量 227.6mm，降雨主要集中在 9 日。点降雨量前 3 位：吉安站 331mm、峡江站 219mm、新田站 202mm。最大 1h 降雨量 21.0mm、最大 3h 降雨量 51.8mm、最大 6h 降雨量 94.6mm。受区间降雨及上游来水影响，峡江水库过程最高水位 45.08m（13 日 20 时 50 分），超汛限水位 0.58m；最大入库流量 12000m³/s（11 日 0 时），最大出库流量 12000m³/s（10 日 18 时）。峰后阶段，为减轻中下游及鄱阳湖区防洪压力，在保证水库自身防洪安全的前提下将出库流量逐步减小，库水位蓄至最高水位 45.14m，水位 45m 以上维持时间长达 30d。

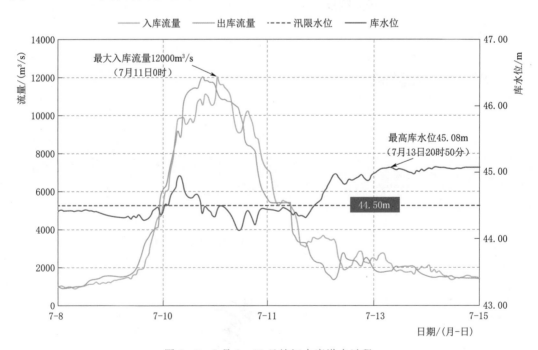

图 6－3　7 月 8—15 日峡江水库洪水过程

表 6-6 7月8—12日峡江水库区间时段最大降雨量表

时段/h	最大降雨量/mm	出现时间/(月-日 时：分)
1	21.0	7-9 16：00—17：00
3	51.8	7-9 15：00—18：00
6	94.6	7-9 12：00—18：00
24	188.3	7-9 8：00—7-10 8：00

表 6-7 7月8—15日峡江水库洪水过程时段最大洪量表

统计类型	最大洪量/亿 m³	开始时间/(月-日)	结束时间/(月-日)
1d 洪量	7.87	7-11	7-11
3d 洪量	19.2	7-10	7-12
5d 洪量	22.8	7-9	7-13

3. 江口水库

7月8—13日江口水库洪水过程如图6-4所示，江口水库洪水过程时段最大降雨量见表6-8，江口水库洪水过程时段最大洪量见表6-9。7月8日8时—7月10日20时修河流域平均降雨量129mm。暴雨主要集中在9—10日，最大1h降雨量22.6mm，最大3h降雨量54.4mm，最大6h降雨量74.2mm。降雨集中于库区附近，主峰雨9日8—14时点降雨量前3位：松山站97.5mm、江口水库站76.5mm、分宜站74.0mm。过程中江口水库最高水位69.89m（12日23时），超汛限水位0.39m；最大入库流量1700m³/s（9日19时），最大出库流量1190m³/s（11日3时），削峰率30%。

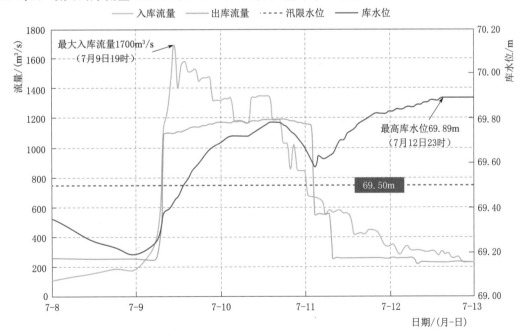

图 6-4 7月8—13日江口水库洪水过程

表 6 - 8 　　　　　　　**7 月 8—13 日江口水库洪水过程时段最大降雨量表**

时段/h	最大降雨量/mm	出现时间/(月 - 日　时：分)
1	22.6	7 - 9　13：00—14：00
3	54.4	7 - 9　12：00—15：00
6	74.2	7 - 9　10：00—16：00
24	106.3	7 - 9　10：00—7 - 10　10：00

表 6 - 9 　　　　　　　**7 月 8—13 日江口水库洪水过程时段最大洪量表**

统计类型	最大洪量/亿 m³	开始时间/(月 - 日)	结束时间/(月 - 日)
1d 洪量	1.147	7 - 10	7 - 10
3d 洪量	2.362	7 - 9	7 - 11

4. 洪门水库

7 月 8—12 日洪门水库洪水过程如图 6 - 5 所示，洪门水库洪水过程时段最大降雨量见表 6 - 10，洪门水库洪水过程时段最大洪量见表 6 - 11。7 月 8 日 8 时—7 月 10 日 20 时抚河流域平均降雨量 162mm。暴雨主要集中在 9 日，最大 3h 降雨量 58.0mm，最大 6h 降雨量 97.5mm；流域东北部点雨量异常偏大，主峰雨 9 日 8—14 时点降雨量前 3 位：茶亭站 208.5mm、湖坊站 148.0mm、卢油站 137.0mm。受强降雨影响，洪门水库入库流量迅速增大，在 3h 内由 418m³/s 上涨至 3470m³/s，过程中水库最高水位 100.17m（9 日 21 时 15 分），超汛限水位 0.17m；最大入库流量 3470m³/s（9 日 16 时），重现期为 15 年，最大出库流量 1660m³/s（9 日 20 时），削峰率 54%。

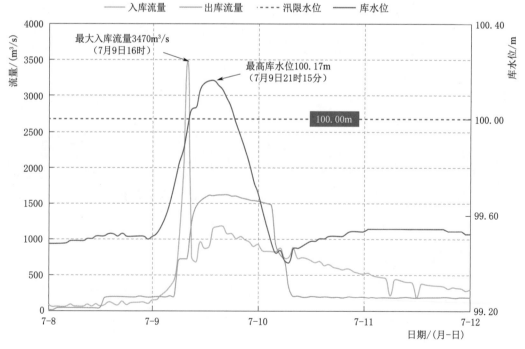

图 6 - 5　7 月 8—12 日洪门水库洪水过程

表 6−10   7月8—12日洪门水库洪水过程时段最大降雨量表

时段/h	最大降雨量/mm	出现时间/(月-日 时：分)
1	24.2	7−9 11：00—12：00
3	58.0	7−9 10：00—13：00
6	97.5	7−9 8：00—14：00
24	147.6	7−8 19：00—7−9 19：00

表 6−11   7月8—12日洪门水库洪水过程时段最大洪量表

统计类型	最大洪量/亿 m³	开始时间/(月-日)	结束时间/(月-日)
1d 洪量	0.727	7−10	7−10
3d 洪量	1.642	7−9	7−11

5. 廖坊水库

7月8—16日江口水库洪水过程如图6−6所示，7月8—10日洪门水库至廖坊水库区间时段最大降雨量见表6−12，7月8—13日廖坊水库洪水过程时段最大洪量见表6−13。7月8日8时—10日14时洪门水库至廖坊水库区间平均降雨量144.6mm。暴雨主要集中在7月9日，最大1h降雨量12.1mm，最大3h降雨量30.5mm，最大6h降雨量57.3mm；点降雨量前3位站点：廖坊坝下站268mm、南城站198.0mm、长陂站149.0mm。此次暴雨与洪门水库出库流量叠加，使得本次过程廖坊水库最高库水位62.86m（10日11时），超汛限水位0.36m；最大入库流量3460m³/s（9日22时），最大出库流量3050m³/s（10日10时），削峰率12%，拦蓄洪量0.37亿 m³。

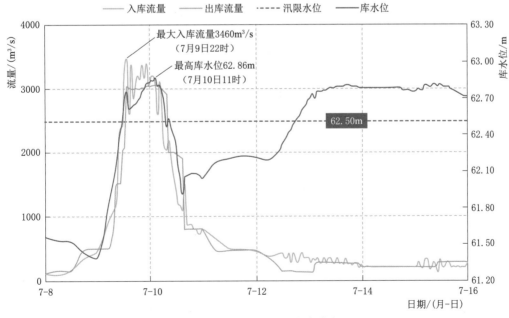

图 6−6 7月8—16日江口水库洪水过程

表 6 - 12　　　　　　　　7 月 8—10 日洪门至廖坊区间时段最大降雨量表

时段/h	最大降雨量/mm	出现时间/(月-日　时：分)
1	12.1	7 - 9　8：00—9：00
3	30.5	7 - 9　7：00—10：00
6	57.3	7 - 9　7：00—13：00
24	119.1	7 - 8　19：00—7 - 9　19：00

表 6 - 13　　　　　　　　7 月 8—13 日廖坊水库洪水过程时段最大洪量表

统计类型	最大洪量/亿 m³	开始时间/(月-日)	结束时间/(月-日)
1d 洪量	2.16	7 - 10	7 - 10
3d 洪量	3.81	7 - 9	7 - 11
5d 洪量	4.46	7 - 9	7 - 13

6. 浯溪口水库

7 月浯溪口水库洪水过程如图 6-7 所示，7 月 2 日 8 时—8 日 20 时，昌江流域持续遭遇强降雨过程，强雨带基本在流域内摆动，各过程间基本无明显间隔，过程总雨量 609mm，致使流域内连续出现 4 次编号洪水过程。强降雨主要集中在 7—8 日，浯溪口水库洪水过程时段最大降雨量见表 6 - 14，7 月 7—10 日浯溪口水库入库洪水过程时段最大洪量见表 6 - 15。浯溪口水库以上流域平均最大 1h 降雨量 26.9mm，最大 3h 降雨量 55.6mm，最大 6h 降雨量 77mm。第 3 号、第 4 号编号洪水降雨间歇仅 5h，致使浯溪口水库入库流量在 3 号洪水后高流量复涨，过程中水库最高水位 60.18m（9 日 3 时 5 分），超汛限水位 4.18m，最大入库流量为 6700m³/s（7 日 22 时），最大出库流量 4330m³/s（7 日 17 时），削峰率 35%。

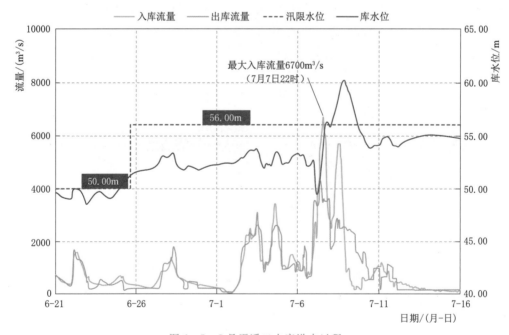

图 6 - 7　7 月浯溪口水库洪水过程

表 6-14　　　　　7 月 7—8 日浯溪口水库洪水过程时段最大降雨量表

时段/h	最大降雨量/mm	出现时间/(月-日　时：分)
1	26.9	7-7　5：00—6：00
3	55.6	7-8　13：00—16：00
6	77.0	7-7　4：00—10：00
12	149	7-7　4：00—16：00

表 6-15　　　　　7 月 7—10 日浯溪口水库入库洪水过程时段最大洪量表

统计类型	最大洪量/亿 m^3	开始时间/(月-日)	结束时间/(月-日)
1d 洪量	3.650	7-8	7-9
3d 洪量	6.583	7-7	7-10

6.3.2　柘林水库调度对下游河段防洪作用

1. 与潦河错峰降低永修段水位

7 月 7 日 14 时—8 日 14 时，修河支流潦河流域平均降雨量 168mm，受强降雨影响，潦河万家埠站水位快速上涨，根据 7 月 8 日预报情况，万家埠站将于 9 日出现洪峰流量 4800m^3/s，修河永修洪峰水位将超有纪录以来最高水位。为减轻下游防洪压力，8 日 18 时省防指调度柘林水库将出库流量从 3300m^3/s 减小至 1860m^3/s，与潦河洪水错峰，9 日 7 时 25 分永修站出现洪峰水位 23.35m，低于有纪录以来最高水位 0.13m（1998 年 23.48m）。此次调度成功降低修河下游永修站洪峰水位 0.2~0.3m，确保了下游永修县城防洪安全。

2. 虬津站流量还原分析

对虬津站 7 月 2—13 日过程进行还原分析：若柘林水库不调蓄洪水，则虬津段流量将超 10000m^3/s，虬津段将发生漫滩，以过流能力 5800m^3/s 下泄。而通过柘林水库调蓄作用，虬津站实测洪峰流量 2470m^3/s，成功缩短超警戒时间 36h。虬津站流量过程还原与实况对比如图 6-8 所示。

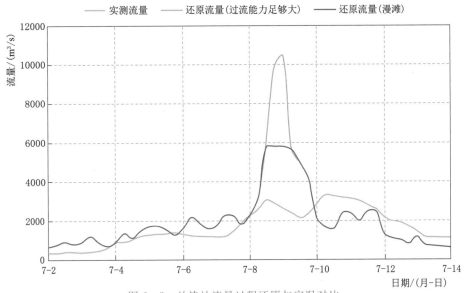

图 6-8　虬津站流量过程还原与实况对比

第 7 章

圩 堤 防 洪 分 析

为减缓"人争水地，水致人灾"现象，1998 年江西省特大洪灾之后，国家在长江中下游启动"平垸行洪、退田还湖"工程，江西省采取"单退"和"双退"两种圩堤退田还湖方式：单退圩堤低水种养、高水行洪，退人不退田；双退圩堤自然还湖为滩涂或水域，退人又退田。单退圩是 1998 年之后国家整治江湖的有力措施之一，已成为鄱阳湖流域防洪体系的一部分。2020 年，鄱阳湖发生流域性大洪水，单退圩在江西省首次进行了大范围运用。据统计，长江九江段及鄱阳湖区实行开闸进洪单退圩堤共 213 座，累计分洪量 32.9 亿 m³，其中湖区 185 座单退圩堤分洪量达 26.2 亿 m³。经分析：鄱阳湖区 185 座单退圩堤的适时启用，降低了鄱阳湖洪峰水位 0.2~0.3m，避免鄱阳湖控制站湖口站发生超保证水位（22.5m），减少湖口站在保证水位以上时间约 5d，缩短了鄱阳湖区高水位持续时间，避免了康山及其他蓄滞洪区的启用，为湖区抗洪抢险争取了主动，极大地降低了人民生命财产损失。

7.1 圩堤基本情况

鄱阳湖滨湖区域土地肥沃、雨量充沛。随着人类社会发展，鄱阳湖区及五河尾闾地区洲滩筑堤围垦逐渐增多，导致湖区容纳洪水能力减小，水患灾害发生次数增加。近 70 年来，鄱阳湖区发生较大洪水 20 余次，长江中下游 1954 年、1998 年发生的流域性特大洪水，造成滨湖大量圩堤溃决、人员受淹，损失惨重。特别是 1998 年洪水，长江流域降雨量和干流主要水文站点洪量均小于 1954 年，但湖区水位多高于 1954 年，如湖口站 1954 年、1998 年最高水位分别为 21.68m、22.59m，由此可见，过度围垦及筑堤束洪导致鄱阳湖调蓄能力持续减小，而这将放大洪水致灾效应。此后，江西开展退田还湖工作，共有 418 座圩堤纳入实施计划，退田还湖工程于 2007 年完工，共平退圩堤 417 座，主要分布在鄱阳湖和长江沿湖滨江地区，其中单退圩堤 240 座、双退圩 177 座，双退圩基本恢复天然状态。单退圩堤中，鄱阳湖区 185 座、其他 55 座，堤线总长 683.9km，保护面积 720km²，设计分洪量 36.95 亿 m³。退田还湖工程完工后，鄱阳湖蓄洪面积基本恢复到 1954 年水平，恢复面积近 1174km²。鄱阳湖和长江沿湖滨江地区单退圩进洪条件情况见

表 7 - 1。

表 7 - 1 鄱阳湖和长江沿湖滨江地区单退圩进洪条件情况

进 洪 条 件	座 数	分洪量/亿 m³	圩内面积/万 hm²	堤长/km
相应湖口水位 20.50m	163	11.22	31.5	326.4
相应湖口水位 21.68m	25	22.56	63.52	204.4
相应河段 10 年一遇洪水	1	0.33	1.3	11.6
相应河段 5 年一遇洪水	41	2.03	8.79	120.8
其 他	10	0.81	2.89	20.7
小 计	240	36.95	108	683.9

7.2 圩堤运用

根据《长江洪水调度方案》，鄱阳湖区洲滩民垸和蓄滞洪区启用条件为：湖口水位达到 20.50m 时，并预报继续上涨，视实时洪水水情，长江干堤之间、鄱阳湖区洲滩民垸进洪，充分利用河湖泄蓄洪水。湖口水位达到 21.50m（鄱阳湖万亩以上单退圩堤水位为 21.68m，即 1954 年最高洪水位时），洲滩民垸应全部运用。湖口水位达到 22.50m，并预报继续上涨，首先运用鄱阳湖区的康山蓄滞洪区，相机运用珠湖、黄湖、方洲斜塘蓄滞洪区蓄纳洪水，同时做好华阳河蓄滞洪区分洪的各项准备。江西对单退圩运用进行了细化：万亩以上受湖洪控制的单退圩进洪条件为湖口站水位 21.68m，受河洪控制的为相应河段 10 年一遇的洪水位；万亩以下受湖洪控制的单退圩堤进洪条件为湖口站水位 20.50m，受河洪控制的为相应河段达到 5 年一遇洪水位。

2020 年 6 月下旬至 7 月上旬，鄱阳湖流域连续遭遇四轮强降雨袭击，暴雨中心均位于信江、饶河、修河及鄱阳湖区，受流域内暴雨和长江来水双重作用，鄱阳湖水位从 6 月下旬快速上涨。水文部门预计鄱阳湖星子站水位可能超纪录，湖口站水位将超 22.5m，预计康山蓄滞洪区将达到启用标准。为减轻鄱阳湖区防洪压力，降低鄱阳湖高洪水位，尽可能避免启用康山蓄滞洪区，省防指调度省内万安、峡江、柘林、洪门、江口等骨干型大型水库，发挥各大水库的拦洪、削峰、错峰作用，在水利工程运用调度上最大程度上降低了鄱阳湖区的洪水压力，但鄱阳湖水位仍居高不下，持续上涨，省防指分别于 7 月 9 日、13 日发布《关于切实做好单退圩堤运用的通知》《关于全面启用单退圩堤蓄滞洪的紧急通知》，历史上第一次全面启用单退圩堤进洪滞洪。

据统计：本次洪水过程长江九江段及鄱阳湖区开闸进洪圩堤共 213 座，累计分洪量 32.9 亿 m³，其中鄱阳湖区单退圩堤 185 座，长江九江段单退圩堤 17 座，其他圩堤 11 座。鄱阳湖区 185 座单退圩堤累计分洪量 26.2 亿 m³，具体见表 7 - 2，其中：万亩以下单退圩堤分洪量 11.64 亿 m³，1 万～5 万亩单退圩堤分洪量 9.68 亿 m³，5 万亩以上单退圩堤分洪量 4.87 亿 m³，最大进洪圩堤为新妙湖圩（分洪量 3 亿 m³，进洪面积 11.28 万亩）。2020 年运用的鄱阳湖区 185 座单退圩堤溃决时间及分洪量统计见表 7 - 3，进洪时间主要为 7 月 9—13 日，其中 10 日分洪量最大，达到 10.38 亿 m³。不同流域的单退圩堤进洪水量差异显著,由于地理位置的关系,处在入江水道区域的单退圩堤进洪水量最多;此外,由于饶河流域洪水量级相对较大、赣江流域面积较大及工情因素,处于饶河、赣江尾闾的单退圩堤进洪水量也相对较大,处在修河尾闾和信江尾闾的单退圩堤进洪水量较少,位于入江水道、饶河尾闾和赣江尾闾的单退圩堤分洪量分别为 12.82 亿 m^3、5.5 亿 m^3、4.23 亿 m^3,见表 7-4。

单退圩堤的科学运用,降低了鄱阳湖洪峰水位,缩短了湖区高水位持续时间,避免了康山蓄滞洪区的启用,极大地降低了人民生命财产损失。

表 7-2　　　　　　　2020 年运用的鄱阳湖区 185 座单退圩堤基本情况

耕地面积	圩堤座数	总面积/万 hm^2	耕地面积/万 hm^2	分洪量/亿 m^3
1 万亩以下	173	2.91	2.01	11.64
1 万～5 万亩	10	2.42	1.16	9.68
5 万亩以上	2	1.22	0.94	4.87
合　计	185	6.55	4.11	26.2

注:分洪量＝总面积×水深,其中,水深按照 4m 考虑。

表 7-3　　　　2020 年运用的鄱阳湖区 185 座单退圩堤溃决时间及分洪量统计

溃决时间	进洪座数	总面积/万 hm^2	分洪量/亿 m^3
7 月 8 日	18	0.23	0.91
7 月 9 日	30	0.53	2.13
7 月 10 日	67	2.59	10.38
7 月 11 日	31	1.41	5.63
7 月 12 日	11	0.42	1.68
7 月 13 日	28	1.37	5.47
合　计	185	6.55	26.2

表 7-4　　　　2020 年运用的鄱阳湖区 185 座单退圩堤所属区域及分洪量统计

所属区域	进洪座数	总面积/万 hm^2	分洪量/亿 m^3
赣江尾闾	4	1.06	4.23
入江水道	115	3.2	12.82
信江尾闾	12	0.3	1.19
饶河尾闾	28	1.37	5.5
修河尾闾	26	0.61	2.43
合　计	185	6.55	26.2

7.3　圩堤险情

2020 年 7 月鄱阳湖区及五河尾闾水位迅速上涨、居高不下,堤防险情多发频发。7 月,全省共发生圩堤险情 2074 个,尤其是 8—12 日昌江问桂道圩、中洲圩以及修河三角联圩相继出现溃口。

7.3.1 昌江问桂道圩

问桂道圩位于上饶市鄱阳县境内，堤线总长 9.3km，圩堤保护面积 21.9km²，保护耕地 1.5 万亩，保护区内有 19 个村委会，60 个自然村，保护人口 1.8 万人，堤顶设计高程 23.50m，堤宽 5～6m，堤身土质为沙质土，防洪标准为 8 年一遇。

受昌江洪水影响，7 月 8 日 20 时 35 分问桂道圩发生溃堤，溃口坐标为东经 116°47′33″，北纬 29°02′06″，溃口宽度 127m，断面平均水深 7m，水道断面面积 889m²，溃坝体积 2.5 万 m³。

7.3.2 昌江中洲圩

中洲圩位于上饶市鄱阳县境内，堤线长 33.72km，圩堤保护面积 23.8km²，保护耕地 2.21 万亩，内辖 15 个行政村，保护人口 3.4 万人，设计标准为 10 年一遇。

受昌江洪水影响，7 月 9 日 21 时 35 分昌江中洲圩发生溃堤，溃口坐标为东经 116°47′57.8″，北纬 29°3′21″，溃口宽度 170m，断面平均水深 5.5m，水道断面面积 935m²，溃坝体积 3.3 万 m³。

7.3.3 修河三角联圩

三角联圩位于永修县境内东南部，修河尾闾，北临修河干流，东滨鄱阳湖，南隔蚂蚁河与南昌市新建区相邻，为封闭圩区。圩堤保护面积 56.28km²，保护耕地 5.03 万亩，保护人口 6.38 万人。

受修河来水及鄱阳湖高水位顶托影响，7 月 12 日 19 时 40 分三角联圩发生溃堤，溃口坐标为东经 115°53′09″，北纬 29°01′25″，溃口宽度 132m，断面平均水深 5.7m，水道断面面积 752m²，溃坝体积 3.4 万 m³。

7.4 鄱阳湖区圩堤防洪与排涝

7.4.1 鄱阳湖区单退圩堤防洪作用

在应对鄱阳湖流域性大洪水期间，鄱阳湖区所有单退圩堤主动开闸清堰分蓄洪水，为实行退田还湖工程 22 年来首次全部运用，湖区 185 座单退圩堤分洪量达 26.2 亿 m³，降低湖区水位约 0.2～0.3m。通过科学运用单退圩堤有序进洪、大中型水库拦洪错峰、禁止涝水外排以及三峡等长江上中游水库群联合调度，避免启用康山蓄滞洪区分洪，保障了 101 座万亩以上圩堤、13 个城镇及重要基础设施、近 700 万亩农田和 900 多万人口的防洪安全，极大降低了洪灾损失。

7.4.2 圩堤排涝水量

鄱阳湖与长江干流连通，鄱阳湖水位与长江水位变化关联性较大。在本次洪水过程中，单退圩堤进洪后，鄱阳湖水位仍处于峰值附近，堤内外水位连通。鄱阳湖出峰回落后，堤内外水位出现一定落差的情况下才有必要开展圩堤排涝工作。圩堤溃口和启用单退圩堤后，30多亿 m³ 的洪水进入圩区，近 3 万间房屋浸泡在水中、70 多万亩农田被淹、大量道路中断，影响人口近 12 万人。为让老百姓早日返回家园、恢复生产生活，江西省决定开展罕见的应急排涝工作。应急排涝采取自排与抽排相结合，按照"一堤一策"制定排涝方案，尤其是针对 3 座溃口圩堤，紧急调集 1200 余台（套）大流量排涝车、移动式水泵等设备，全力应急排涝。

根据统计资料并结合鄱阳湖区 185 座单退圩堤所属区域，经分析：赣江尾闾区域 4 处单退圩堤排入鄱阳湖水量为 4.23 亿 m³；入江水道区域 115 处单退圩堤排入鄱阳湖水量为 12.82 亿 m³；信江尾闾区域 12 处单退圩堤排入鄱阳湖水量为 1.19 亿 m³；饶河尾闾区域 28 处单退圩堤排入鄱阳湖水量为 5.5 亿 m³；修河尾闾区域 26 处单退圩堤排入鄱阳湖水量为 2.43 亿 m³。三角联圩、问桂道圩、中洲圩等 3 座主要溃决圩堤内共排入鄱阳湖水量为 2.18 亿 m³。

第 8 章

水 文 监 测 预 报 预 警

水文监测预报预警是一项十分重要的防洪非工程措施，通过掌握和预测洪水未来变化，为防灾减灾提供技术支持。2020年鄱阳湖流域性大洪水期间，江西水文加强监测、深入研判、准确预报，为长江流域及全省防汛工作的全面胜利提供了重要的技术支撑。

近年来，国家加大了对江西水文监测预报预警的投入，水文监测站网迅猛发展，新仪器、新设备、新预报预警模型得到广泛应用，水文监测预报预警能力显著增强，目前已基本形成以防洪需要为目的、较为完善的雨水情站网、信息传输和预报预警体系。本章简要概述2020年鄱阳湖流域水文监测预报预警服务成效，并分别对城市内涝、短历时暴雨、赣江四支分流比和山口岩水利枢纽防洪调度开展专题分析总结。

8.1 水文监测

近年来，江西省水文监测中心不断推进水文测验方式方法创新，以提升监测技术手段，适应行业新发展和满足社会需求。2020年，江西省水文监测中心完善了全省水文监测值班制度、流程和要求，加强数据监控，提升数据质量；全面实行汛期24h和非汛期工作日监测值班，紧扣数据"有没有""好不好"两个关键问题，共编辑监测值班信息271期，对全省雨量、水位、流量、蒸发、墒情、视频监控、地下水、取用水户等信息进行监控管理。全年全省247个水文站共开展流量测验9306次，单沙测验8598次，断沙测验399次，单颗测验667次，断颗测验292次，采集各类水文数据1.78亿条，其中自动监测数据1.77亿条，全年数据到报率保持在99%以上，确保了水文数据的准确可靠、权威高效，为防汛水文测报工作打下了扎实的数据基础，为做好水文预警预报服务工作提供了数据支撑。

8.1.1 流量测验技术

江西省流量测验常采用流速仪法、浮标法、比降—面积法、量水建筑物测流法等。流量测验渡河方式主要有水文缆道、船测和桥测等，使用的仪器主要有旋桨式和旋杯式等转子式流速仪，以及超声波流速仪、电波流速仪、声学多普勒流速剖面仪（以下简称

ADCP) 等非转子式流速仪。21 世纪以来，随着新技术、新仪器的不断涌现，使流量快速监测、实时在线测量等成为可能。2020 年，全省先后引进 102 套走航式 ADCP、24 套水平 ADCP、66 套雷达测流系统、48 套在线蒸发系统、8 套在线水温系统、67 架无人机，全省 8732 处水文监测站点中，降雨量、水位、土壤墒情已实现 100％自动监测，水面蒸发自动监测超过 60％，流量自动监测接近 30％。新技术新仪器的应用，提升了我省水文测报能力和水平，为有效应对 2020 年鄱阳湖流域性大洪水提供了技术保障，为防汛测报赢得了宝贵的时间。

8.1.2　水位流量关系单值化技术

水文巡测是优化水文测验资源、提高测验效率的有效途径，水位流量关系单值化是开展水文巡测工作的基础。江西省水文监测中心自 20 世纪 70 年代开始进行水文巡测技术研究，提出的水位流量关系单值化处理技术，从仅适应顺直河段相对稳定的断面到如今基本适应顺逆不定、鄱阳湖尾闾地区等各类河段水位流量关系单值化处理，在保证相应流量推算精度的同时，大幅减少了流量测次，为水文巡测奠定了技术基础。多地区的应用实践证明，该技术对推动水文巡测的发展至关重要。

从 2020 年汛期报汛成果来看，采用水位流量关系单值化技术，流量测次大幅减少，流量报汛相对误差控制在 5％以内。如乐安河虎山站，实行单值化技术之前常年平均测次达 145 次左右，2020 年流量总测次 174 次，其中有 91 次为受鄱阳湖顶托影响全省五河七口水文站加密测次，正常流量测次 83 次，减少了约 43％的外业劳动强度，显著提高了生产效率。

8.1.3　水文资料整编技术

为适应水文信息化和新技术发展的需要，江西省水文监测中心进行了水文资料整编新方法和新手段研究与实践，大幅提高了水文资料整编的生产效率。2007 年引入长江水利委员会开发的南方片数据整编系统，运用先进的软件开发环境和数据库技术，基本满足了江西省水文资料整编和水文年鉴汇编刊印的要求。2020 年，在原有整编系统基础上，江西省水文监测中心研发了在线水文资料整编系统，增加测验质量和数据分析功能，有效提高了水文资料整编的效率和精度。

8.1.4　应急监测技术

水文应急监测主要用于应对与水有关的突发性自然灾害和水污染事件，通过收集水文基本资料和水文基本信息，为政府决策部门制定抢险减灾方案提供科学依据和技术支撑。水文应急监测具有事件处置紧迫、现场监测艰巨、监测任务复杂、监测方案非常规、服务决策及时等特点。水文应急监测可使用免棱镜全站仪、双星差分 GNSS、走航式 ADCP、电波流速仪、超声测深仪、激光测距仪、水文测量机器人、一体化移动三维激光测量系统、无人机遥感技术等先进技术和设备。在应对各类突发灾害事件的水文应急抢险监测实践中，全省水文部门对水文应急监测的工作方案、监测内容与方法以及技术要求等进行了探索，并发展和完善了对分洪、溃口、突发性水污染事件等水文应急监测技术体系和组织管理体系。

2010 年，江西省水文监测中心正式组建水文应急监测队，水文应急监测成套技术初步完成，应急监测能力得到发展。2020 年，按照防御超标洪水和局地暴雨洪水等"黑天鹅"、"灰犀牛"事件的要求，江西省水文监测中心修订完善了全省测报应急响应实施方案、特大洪水应急测报预案；制定完善了各重要水文站测验方案和超标洪水测报预案，强化了应急处置能力。全省共配备卫星电话 74 部，景德镇山洪灾害重要区域水文测站增加了北斗数据传输备用信道，为全年的水文测报工作做了扎实充分的准备，应对超标洪水准备措施基本到位。

8.2　水文预报

8.2.1　水文信息报送与交换

20 世纪 90 年代以前，受技术手段制约，江西水文报汛的时效性和质量都不高。21 世纪之后，随着国家防汛抗旱指挥系统的建设，景德镇市和抚州市作为示范区率先在全国完成所有报汛站自动报汛，水情报汛技术发展得到质的飞跃。随着计算机网络技术和卫星通信等技术的跨越式发展，水情监测设备等的现代信息手段不断更新，汛情紧张时，测站可根据防汛需求将报汛频次加密为 5min 或水位变幅 1cm，江西水情报汛从信息采集、处理与集成、传输与接收等各个环节全面实现自动化，报汛时效性和频次得到大幅提高。

从 2011 年开始，新版水情信息交换系统软件在江西水文推广应用。该系统依托计算机网络，以文件传输方式完成信息报送共享，传输信息基本实现实时共享，极大提高了雨水情信息报送的可靠性与时效性。目前，江西水文站网水情报汛已经全面达到 20min 内到达长江委、30min 到达水利部的目标，信息整体合格率保持 99.9% 以上，为各级防汛指挥部门能及时了解和掌握江西汛情变化提供了有力的信息支持。

据统计，2020 年江西水文部门雨水情信息发送量约 3.7 亿条，30min 内转发信息至国家防总的时效合格率都在 99.9% 以上，其中江西省水文监测中心转发信息时效合格率达到 99.89%。

8.2.2　业务系统建设

1998 年江西已全面建成赣、抚、信、饶、修五大河流和鄱阳湖区联机实时洪水预报系统。进入 21 世纪后，随着计算机及网络技术的发展，江西省洪水预报、调度、视频会商等系统不断更替革新，逐步向自动化、现代化迈进，大大提高了预报服务的工作效率。2003 年水利部水文局组织全国高等院校、科研院所、生产单位，开发完成了中国洪水预报系统（简称 NFFS），以地理信息系统为平台，建立了常用的预报模型和方法库，通过人机界面快速地构造多种类的预报方案，具有可用图形和表格方式干预任何过程的实时交互预报系统，可进行多模型、多方案对比分析，快速完成流域、河系中大量断面的洪水预报工作。2013 年，江西水文引进 NFFS 系统并在全省全面布设运行。

近年来，江西水情不断加强业务系统建设。一是成功移植了水利部信息中心值班、会商、预报系统，可实现用户自定义权限，实现预报预警信息即时发布，系统运行更加快捷高效；二是开展水情服务防汛抗旱强监管系统建设，系统涵盖了雨水情监控、水情预警、水情会商、水库强监管等功能模块，实现了多形式的数据检索、信息查询、水情监视、报汛质量管理、图形展示以及通用报表的格式定义和自动生成，同时具备了一定的智能化处理、自定义提醒、辅助值班人员工作等功能；三是开发突发水事件应急水文预报分析系统，该系统可实现应急水文预报、分洪垮坝洪水过程及洪水淹没风险分析；四是各地市水情根据需求相继建设水情专题业务子系统，如赣州水情的山洪预警系统、九江水情的城市内涝服务系统、景德镇水情的城市防洪服务系统等。通过水情业务系统建设，将现代化信息技术全方位导入水情工作中，为江西防洪预报调度提供了有力的分析工具和决策支撑。

8.2.3　水文预报技术

几十年来，随着江西社会经济的飞速发展，对于水文预报预见期、时效性及精度的需求也日益提高，江西水文围绕防洪抗旱的实际需要，开展了一系列科学研究和业务实践，逐步形成了"短中长期相结合、水文气象相结合、科研与生产相结合"的技术路线，在提高预报精度、延长预见期以及中小河流和山洪灾害预警等方面取得了很大的进步。

1. 数值预报产品有效提高短中期预报精度

随着数值预报水平的发展和进步，短中期天气形势预报准确率显著提高，江西水文从2016年起开始引入多种不同时空尺度的降雨数值预报产品，如欧洲中期天气预报中心（ECMWF）的全球模式、中国T639全球模式、江西省气象局未来24h精细化降雨预报格点产品等，逐步形成了以数值预报与水文经验预报相结合的预报方法，通过耦合短中期降雨预报成果，作为洪水预报模型的输入，获得更高预报精度、更长预见期的短中期洪水预报。近几年的预报实践表明，短中期水文气象预报对明显的天气过程、较大涨水过程和洪水量级等方面均有很好的判断，已日渐成为指导防洪调度决策的重要技术手段。

2. 洪水预报方法模型更丰富

在原有江西水文常用的降雨洪峰相关图、上下游相应水位（流量）预报方案、河道流量演算（河段水量平衡方程与槽蓄关系和马斯京根法、降雨径流预报方案等传统预报方法）的基础上，根据鄱阳湖流域特性，不断在实践中创新性地研究和应用新形式，如多变量相关图、新安江模型、分布式模型、神经网络模型等，显著提高了预报精度水平。1998年大洪水后，尤其是进入21世纪以来，随着流域梯级水利工程的开发，流域下垫面条件发生了明显变化，部分原有的预报方法已不适应新形势下的预报需求，水文预报面临新的挑战。江西水文不断引入新方法、新模型，在部分流域采用新安江模型，在上饶市婺源县开展智慧水文试点项目示范应用，研究解决降雨时空分布不均、流域下垫面条件、产汇流机制等问题，为应对新挑战、提高洪水预报精度探索新方法、新路线。

3. 中小河流和山洪预报预警全覆盖

20世纪，关于中小河流和山洪泥石流预报预警的研究及实践寥寥，而鄱阳湖流域中小河流众多，且大部分中小河流站网偏稀，缺乏必要的应急监测和预报手段，加上中小河流山洪泥石流灾害突发性强、危害性大，一旦发生，造成的损失将十分巨大。近年来，江西水文加大了中小河流山洪预警雨水情站网的建设，使中小河流和山洪灾害监测预警能力有了很大程度地提升。目前，江西中小河流山洪预警预报方法主要为两种：一种是基于水文模型的常规预报方法；另一种则是以动态临界雨量为基础的雨量预警方法。根据流域站网、资料及基本情况又进行如下分类：无资料或少资料地区，用比拟法将临近水文特性相近的流域模型参数移用调整建立预报方案；对于有雨量和水位流量观测资料的流域，可用雨量水位（流量）相关关系法或直接建立降雨径流预报模型；对于流域面积较小、汇流时间较短的流域，可采用临界雨量预警方法，建立临界雨量预警模型，由实况或预报雨量启动预警；对于资料情况较好的流域，可直接采用成熟的产汇流模型或经验方法；对于无资料却有经验公式或有通用经验公式的流域，可采用经验公式建立预报模型，与比拟法一起对比应用。

8.3   2020 年监测预报服务及实践

8.3.1   2020 年水文应急监测典型事例

2020 年汛期，受五河来水和长江洪水顶托双重影响，鄱阳湖区水位居高不下，堤防险情多发频发。7 月 8—12 日，昌江问桂道圩、中洲圩以及修河三角联圩相继发生溃堤，洪水迅速涌入堤内，严重威胁堤内的万亩农田以及数万人的生命财产安全。圩堤溃决后，江西水文第一时间就水文应急监测与分析工作做出安排部署，共计出动应急监测队伍 50 余人，应急监测持续时间长达 61d（7 月 8 日—9 月 7 日）。围绕三座溃口圩堤抢险救灾、溃口封堵、应急排涝的需要，应急监测队采用无人机浮标法测流系统、手持雷达波、遥控船搭载 ADCP、一体式水位自动监测系统、DEM 提取水位—库容—面积曲线等先进技术，开展了溃口水文应急监测和分析工作，取得了大量精确的实测及分析成果，为三座溃口圩堤的抢险救灾、封堵排涝提供了可靠的决策依据。

8.3.1.1   应急事件基本情况

1. 昌江问桂道圩

问桂道圩位于上饶市鄱阳县境内，堤线总长 9.3km，圩堤保护面积 21.9km^2，保护耕地 1.5 万亩，保护区内有 19 个村委会，60 个自然村，保护人口 1.8 万人，堤顶设计高程 23.5m，堤宽 5～6m，堤身土质为沙质土，防洪标准为 8 年一遇。7 月 8 日 20 时 35分，受昌江洪水影响，问桂道圩出现溃口，溃口坐标为东经 $116°47'33''$，北纬 $29°02'06''$，溃口航拍图如图 8-1 所示。

图 8-1   问桂道圩溃口航拍图

2. 昌江中洲圩

中洲圩位于上饶市鄱阳县境内，堤线长 33.72km，圩堤保护面积 23.8km²，保护耕地 2.21 万亩，内辖 15 个行政村，保护人口 3.4 万人，设计标准为 10 年一遇。7 月 9 日 21 时 35 分左右，昌江中洲圩发生溃堤，溃口坐标为东经 116°47′57.8″，北纬 29°3′21″，溃口航拍图如图 8-2 所示。

图 8-2 中洲圩溃口航拍图

3. 修河三角联圩

三角联圩位于永修县境内东南部，修河尾闾，北临修河干流，东滨鄱阳湖，南隔蚂蚁河与新建县相邻，为封闭圩区。圩堤保护面积 56.28km²，保护耕地 5.03 万亩，保护人口 6.38 万人。7 月 12 日 19 时 40 分，三角联圩出现溃堤，溃口坐标为东经 115°53′09″，北纬 29°01′25″，溃口航拍图如图 8-3 所示。

图 8-3 三角联圩溃口航拍图

8.3.1.2 应急监测成果计算与分析

1. 溃口形态监测

主要采用免棱镜全站仪对口门宽进行测量，采用抛投压力式水位计对断面水深进行测量，测得形态数据后，对溃坝体积进行估算，见表8-1。

表8-1 溃口形态监测成果

溃口名称	溃口宽度/m	断面平均水深/m	水道断面面积/m	溃坝体积/万 m³
问桂道圩	127	7.0	889	2.5
中洲圩	170	5.5	935	3.3
三角联圩	132	5.7	752	3.4

根据监测数据显示，三座溃口联圩口门宽度分别为127m、170m、132m，根据收集的工程资料，内、外坡比系数采用设计值计算，估算溃坝体积分别为2.5万 m³、3.3万 m³、3.4万 m³。7月13日23时8分，昌江问桂道圩堤决口处成功实现合龙；18日8时22分，昌江中洲圩决口处成功实现合龙；16日21时43分，修河三角联圩决口完成合龙。

2. 溃口水位监测

根据应急监测需要，在三个溃口圩堤及淹没区安装了多套临时水位自动监测设备，实时监测问桂道圩、中洲圩、三角联圩堤内、堤外以及三角联圩淹没区水位变化情况，三座溃口圩堤水位监测情况如图8-4～图8-6所示。

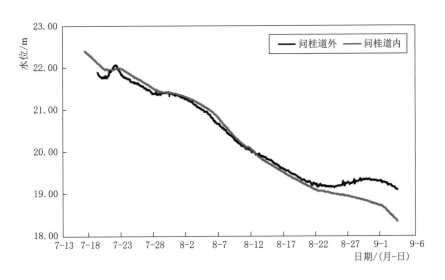

图8-4 问桂道圩水位监测过程

水文部门根据水位监测成果，及时掌握了三角联圩、问桂道、中洲圩堤内外水位变化趋势，为把握封堵时机和掌握排涝动态提供支撑，为决策部门提供圩堤排涝应急分析材料34期。

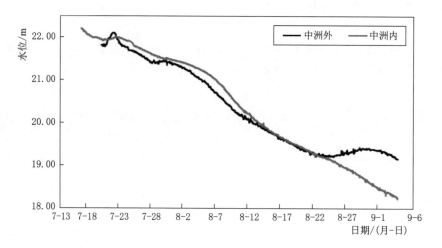

图 8-5 中洲圩水位监测过程

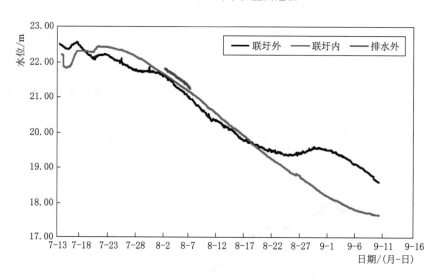

图 8-6 三角联圩水位监测过程

3. 溃口流量、水量监测信息

从溃口决口到封堵过程中，水文部门实测了多次溃口流速、流量过程，基本掌握了三座溃口圩堤的溃口流量过程，为淹没区水量计算奠定了基础，部分实测流量过程见表 8-2。

表 8-2　　　　　　　　　　三座溃口部分实测流量过程

溃口名称	施测号数	测流时间/(月-日 时：分)	水位/m 堤外	水位/m 堤内	流量/(m³/s) ADCP	流量/(m³/s) 无人机	断面面积/m²	流速/(m/s) 平均	流速/(m/s) 最大	水面宽/m	平均水深/m	采用设备
问桂道圩	1	7-9 9：00	22.53	21.76		1090	847	1.28	3.13	120	7.0	无人机
	2	7-9 11：00	22.61	21.71		1710	861	1.97	3.90	127	7.0	无人机
中洲圩	1	7-10 10：00	22.32	22.01		1800	935	1.93	2.78	170	5.5	无人机

| 溃口名称 | 施测号数 | 测流时间/（月-日 时：分） | 水位/m | | 流量/（m³/s） | | 断面面积/m² | 流速/（m/s） | | 水面宽/m | 平均水深/m | 采用设备 |
			堤外	堤内	ADCP	无人机		平均	最大			
三角联圩	1	7-13 7：00	22.80	22.3		1250	696	1.80	2.17	118	5.9	无人机
	2	7-13 9：00	22.79	22.25		1230	696	1.77	2.32	118	5.9	无人机
	3	7-13 10：00	22.78	22.23		1220	696	1.75	2.40	118	5.9	无人机
	4	7-13 13：00	22.77	22.22		1220	708	1.72	2.15	120	5.9	无人机
	5	7-13 14：00	22.77	22.21		1190	720	1.65	2.46	122	5.9	无人机
	6	7-14 18：00			996	1050	720	1.46	2.08	122	5.9	对比
	7	7-15 11：00			748							M9
	8	7-15 16：00			622							M9
	9	7-16 10：00			211							M9
	10	7-16 15：00			104							M9
	11	7-16 17：00			62							M9
	12	7-16 18：00			43							M9

根据调查结果分析：问桂道圩溃口最大实测流量为 1710m³/s，后续呈减小趋势，根据实测流量推算出溃口流量变化过程并计算出淹没区水量信息，截至封堵完成，估算堤内水量约 0.76 亿 m³；中洲圩溃口最大实测流量为 1800m³/s，后续呈减小趋势，截至封堵完成，估算堤内水量约为 0.83 亿 m³；三角联圩溃口最大实测流量为 1250m³/s，后续流量减小明显，16 日 15 时实测流量仅为 104m³/s，截至封堵完成，估算堤内水量约 3.12 亿 m³。

采用自然资源厅提供的 DEM 数据（比例尺 1：10000）进行水位—库容—面积曲线提取，获取淹没区最大水量分别为问桂道圩 0.90 亿 m³、中洲圩 1.16 亿 m³、三角联圩 3.13 亿 m³。

根据上述两种水量计算方式，三角联圩水量推算误差为 0.01 亿 m³；因考虑到问桂道圩、中洲圩实测流量数据偏少可能导致水量推算误差较大，最终采用 DEM 提取数据计算所得水量。即封堵完成时刻，问桂道圩、中洲圩、三角联圩的水量分别为 0.90 亿 m³、1.16 亿 m³、3.13 亿 m³，淹没区水量数据为后续制定排涝措施提供了重要参考依据。

8.3.2 水文预报服务

2020 年期间，江西水文坚持科学精准预报，为防汛抢险提供及时准确的数据支撑，为各级防汛部门争取防汛决策主动权，赢得部署调度先机，同时提供受灾人员转移、水库科学调度等建议，成效显著。

高度重视超标洪水防御工作。2020 年 3 月，水利部对全国超标洪水防御工作进行了部署，江西水文迅速响应，积极应对洪水灾害防御的"三怕"问题，即大江大河特大洪水、水库垮坝失事和局地暴雨山洪，高度重视超标洪水防御工作，把超标洪水防御作为大事、要事、要解决的大问题。严格落实汛期 24h 值班值守制度，尤其是防汛关键期，值班人员更是吃、住、睡均在值班室，取消节假日和周末休息，水情部门全员到岗到位，全心投入预测预报工作。

江西水文超前强化基础防御工作，充分做好"防大汛、抗大洪、抢大险、救大灾"各项水文服务支撑，详细梳理全省境内五大流域近 200 年的大洪水资料与实测不同历时暴雨极值资料，编制了《江西省历史洪水手册》和《江西省实测不同历史暴雨极值手册》，将有重要防汛任务的水文（位）站水位流量关系线延长至百年一遇。6 月组织开展了赣江流域 2010 年型超标洪水防洪调度推演，检验了赣江流域水利工程的协同调度能力和效果，为迎战鄱阳湖流域性大洪水提供更多决策参考依据。

鄱阳湖流域性大洪水情势复杂、变化急剧，江西水情预报人员以高度的责任感和敬业精神，采用超常规的方法反复计算、比较、综合，为防汛决策提供了准确预报。高效精准的水文测报服务，得到了水利部及江西省各级党委政府、部门领导的肯定和赞扬。

8.3.2.1 中长期预报

江西水文常年来一直深入开展中长期预测分析研究，与水利部信息中心合作开展的课题《江西省降雨洪水长期影响因子分析研究》荣获 2019 年赣鄱奖二等奖。2019 年汛后江西水情随即开展 2020 年江西省降雨洪水长报趋势分析，根据 2019 年江西省出现的"入汛早，主汛期结束晚"，旱涝并存、大旱大涝的现象，多次开展全省长报会商并滚动分析，预计汛期赣北可能发生区域性中洪水，五河局部支流及部分中小河流可能发生大洪水。预报成果引起防汛决策部门的高度重视，在全省汛前准备及政府调度决策中起到了很好的参考作用，为尽早谋划部署迎战 2020 年鄱阳湖流域性大洪水提供了科学依据。

8.3.2.2 短期洪水预报

1. 江、河、湖洪水预报

2020 年 7 月，为满足防汛指挥调度的需要，防汛关键期江西水文对江、河、湖洪水预报达 5660 站次，预报合格率达 90%。

精准预报支撑超标洪水应对。时刻关注三峡水库调度运用、洞庭湖四水洪水发展、鄂东北四水洪水突发、大通江段退水情况、风浪影响等诸多影响因素，真正做到每一份鄱阳湖预报"精雕细琢"。7 月 8 日预报鄱阳湖星子站 5d 后将超 22m；10 日预报 3d 后鄱阳湖水位将超纪录并将达到启用蓄滞洪区标准；在 12 日鄱阳湖星子站出现最高水位后，密切关注五河来水及长江干流情况，每天提供 4 次鄱阳湖退水滚动分析，分别提前 3d、10d、20d 超前预报鄱阳湖星子站水位退出 21m、20m、19m 时间，精准的水文数据在防汛决策、抢险救援中发挥了关键作用。

关键期预报精准可靠。密切关注五河来水与长江中上游雨水情，加密监测预报频次，科学研判水情形势变化，及时与水利部、长江委会商水文情势，积极为防汛减灾贡献水文力量。提前 16h 精准预报乐安河虎山站水位 30.20m，实际水位 30.19m，预报较实际仅差 0.01m；准确预判潦河万家埠站将于 9 日出现 4800m³/s 的洪峰流量，修水永修站洪峰水位将超纪录，通过调度柘林水库与潦河洪水错峰，成功降低永修站洪峰水位 0.2～0.3m，削峰率高达 67%。高效优质的预报信息为各级防汛指挥决策部门提供了科学有力的技术支撑，为受灾群众转移、避险赢得了宝贵时间。

2. 水库预报

2020 年汛前，省防指、省水利厅科学调度省内各大型水库降低汛限水位，预留足够防洪库容；大洪水期间，合理调度辖区各大中型水库为下游调洪错峰。为减轻水库下游的防洪压力，水情预报人员共作水库预报 507 站次，预报合格率达 90%。

在应对 7 月超历史大洪水期间，省防指、省水利厅科学调度万安、峡江、石虎塘、洪门、廖坊、柘林、江口、大塅、罗湾、小湾、浯溪口等水库进行拦洪滞洪、削峰错峰。柘林、洪门、大塅等水库削峰效果显著，削峰率分别达 67%、54%、41%，尤其是将柘林水库接近 30 年一遇洪峰流量 10600m³/s 削减为 3460m³/s，极大地减轻了下游河道的防洪压力；调度柘林水库滞洪，成功与潦河洪水进行错峰，降低修河下游永修站洪峰水位 0.2～0.3m；尤其是在应对 7 月上旬鄱阳湖流域性大洪水过程中，调度大中型水库 50 余次，累计拦蓄洪量 18 亿 m³，相应降低鄱阳湖水位约 0.18m，有效减轻鄱阳湖及长江九江段防洪压力。

8.4　水情预警发布

江西省洪水预警由水文机构按照管理权限向社会统一发布。其中，江西水文负责涉及设区市城市和跨设区市行政区域的洪水预警发布工作，协助长江委水文局做好长江九江段洪水预警发布工作；各流域中心负责水文业务辖区范围内的洪水预警发布工作。江西省洪水预警由水文机构通过广播、电视、报纸、网络、移动通信等载体统一向社会发布。

江西省水文监测中心筑牢水情信息服务基础，强化超标洪水防御，密切监视、精准预报、及时预警，着力完善预警机制，积极推动有防洪任务的中小河流洪水预报预警常态化，对山洪易发区域做到早发现、早防范，主动探索多部门协作配合，建立预警发布平台，预警水平更上一台阶。2020 年，全省共发布洪水预警 202 期，其中蓝色预警 91 期、黄色预警 24 期、橙色预警 37 期、红色预警 50 期，创造了大洪水期间全省 71.5 万名群众先后紧急转移与安置，无一人死亡的抢险救灾佳绩。

8.4.1　中小河流预警为防汛救灾提供保障

江西水文积极推动有防洪任务的中小河流洪水预报预警常态化，实现中小河流预警全覆盖，针对降雨集中地区，密切监视未来涨幅将超 2m 以上站点，及时发布《江西省中小河流预警》，提醒当地注意防范、及时避险。

信江饶河中心提前 4h 预警东河深渡站将达 51.00m 左右，涨幅近 6m；提前 6h 预警南河新厂站将达 36.50m 左右，涨幅近 3m；提前 4h 预警蛟潭站将达 49.93m，涨幅 6.5m，建溪水位站将达 45.27m，涨幅超 10m，快速有效的预警信息为决策部门防汛救灾、转移群众抢得先机。在应对白塔河流域洪水过程中，通过白塔河洪水淹没辅助决策系统将耙石站预警预报信息发送至邓埠镇以及平定乡的大屏幕，并电话、微信告知相关部门负责人，提前转移 1 万余人，减少经济损失达 644 万元。

8.4.2　中小河流洪水及山洪灾害气象预警同步推进

江西水文以重点风景名胜区、山洪易发区为重点区域，应用气象部门 6h 预报成果，加密监测，及时发布《江西省中小河流洪水及山洪灾害气象预警》产品 547 期（自 2016 年来已发布 1192 期）。7 月 7 日 18 时发布的预警中，预计未来 24h 景德镇市北部、上饶市北部、九江市大部发生中小河流洪水及山洪灾害（Ⅱ级）可能性大，景德镇市中部、宜春市北部、南昌市中部发生中小河流洪水及山洪灾害（Ⅲ级）可能性较大，赣北大部可能发生中小河流洪水及山洪灾害（Ⅳ级）。实际降雨落区与预警范围高度一致，为防范暴雨山洪赢得了宝贵的应对时间。

8.4.3 城区积水预警提供防汛服务新方向

江西水文致力拓宽水情服务领域，依托城市水文监测站点或系统，开展暴雨洪水和内涝预报预警，同时主动探索多部门协作配合，建立预警发布平台。7 月 7—8 日，在鄱阳湖中心的内涝实况和预警信息共同支撑下，南昌市政府启动联动机制，及时排水排涝、疏导交通。7 月 7 日，修河中心通过交通广播电台发布城区强降雨积水信息与提醒，多次得到市领导高度肯定。

8.5 水文专题分析

8.5.1 九江市城市内涝分析

1. 城区内涝情况

2020 年 7 月初，九江市连续出现暴雨天气过程，具有影响范围广、持续时间长、累计雨量大、短时雨强大等特点。修河中心与九江市气象局联合发布 3 期《城市内涝气象风险预警》，提醒相关部门预先采取应对措施。7 日 0 时—8 日 9 时，九江城区平均降雨量 252mm，尤其是 8 日 0—9 时，降雨量达到 138.5mm，最大 1h 降雨量 40.5mm，造成城区部分主要路段严重积水。根据九江市城市内涝监测预警系统显示：长江大道铁路桥下、联盛快乐城路口、金凤路铁路桥下、兴城大道铁路桥下、九瑞大道开发区管委会等路段积水深度 0.44～1.55m，其中以长江大道铁路桥下 1.55m 最为严重，该路段两度积水，积水时间长达 34h；其次是金凤路铁路桥下，最大积水深度 0.99m；联盛快乐城路段虽然积水深度只有 0.60m，但积水时间长达 29h。九江市城区道路暴雨积水变化过程线如图 8-7 所示。

2. 内涝特点

本次分析采用浔阳区九江站、濂溪区金凤路站、开发区兴城大道站 3 个雨量站计算城区平均降雨量，积水深度数据采用修河中心开发建设的城市内涝监测预警系统数据。九江城区降雨量重现期分析见表 8-3，九江城区主要路段内涝情况一览见表 8-4。

表 8-3 　　　　　　　　　　九江城区降雨量重现期分析表

时段长/h	1	3	6	12	24
降雨量/mm	40.5	66	101.3	137.7	166.5
重现期/年	2	4	8	8	8

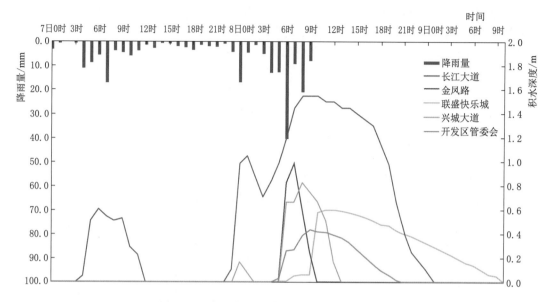

图 8-7　九江市城区道路暴雨积水变化过程线

表 8-4　　　　　　　　　　九江城区主要路段内涝情况一览表

内涝路段	长江大道	金凤路	联盛快乐城	开发区管委会	兴城大道
最大积水深度/m	1.55	0.99	0.60	0.44	0.83
积水时长/h	34	5	29	16	9

根据降雨及积水数据分析，本次内涝过程具有以下特点：一是积水汇流迅速，如长江大道积水深度 1h 最大上涨幅度 0.88m，联盛快乐城 5min 最大上涨幅度 0.48m；二是积水维持时间长，5 个积水监测点积水时间在 5～34h，主降雨结束后，联盛快乐城路段积水仍维持了 24h 才完全消退；三是覆盖范围广，本次降雨覆盖了九江全部城区，5 个积水点深度均在 0.40m 以上。

3. 内涝成因分析

本次内涝成因主要有以下方面：一是降雨量大，本次强降雨过程虽然最大 1h 降雨量仅 40.5mm，重现期仅 2 年，但是降雨时间长、降雨集中，6～24h 累积降雨量都是近 10 年一遇；二是城市排水能力不足，近年来城市建设迅速发展，导致雨水下渗和调蓄能力持续下降，原有的城市管网已经不能满足排涝过流要求，从本次内涝发生点分布情况看，铁路桥下等地势低洼路段易发生道路积水；三是树叶等杂物堵塞排水口，在城市建设过程中泥浆的排放导致部分排水管道堵塞，影响过流能力。

8.5.2 吉安市短历时暴雨分析

在此次鄱阳湖流域性大洪水中，受强降雨影响，全省多站创有纪录以来极值，降雨量超百年一遇，其中以吉安市受短历时暴雨影响最为显著，吉安市中心城区出现严重内涝。最大 1h、3h、6h、12h、24h 降雨量均出现在吉安境内，其中最大 3h、6h、12h、24h 降雨量均出现在吉安县田塅站，列本区域有纪录以来第 1 位，重现期超 100 年。本专题就吉安市短历时暴雨情况进行简析。

1. 暴雨情况

7月9日8时—10日8时，吉安市出现明显强降雨过程，大部地区普降暴雨至大暴雨。特大暴雨中心主要位于东北部新干县、峡江县局部以及吉安县、青原区、吉州区赣江沿岸一带，影响范围广，形成两个特大暴雨区。全市平均降雨量127mm，是常年同期31倍，位列有水文实测纪录以来第1位。点雨量最大1h降雨量达50年一遇，最大3h、6h、12h、24h降雨量均超100年一遇，强度之大，历史罕见。

一是降雨集中、范围广。强降雨过程主要集中在9日8时—10日8时，如图8-8所示，特大暴雨中心位于吉州区、青原区大部和吉安县东部，以及峡江县、新干县的沂江流域全市平均降雨量127mm，是常年同期的31倍，列有纪录以来第1位；降雨集中，尤其是中部的吉州区、吉安县，集中降雨时间仅17h，降雨量分别达265mm、194mm。6h降雨量超50mm达616站，占全市总站数7成多，超100mm站点数达367站，占全市总站数4成多。全市共13县（市、区）647站降雨超过50mm，笼罩面积约18033km²，占全市国土面积72%；11县（市、区）445站降雨超过100mm，笼罩面积约12716km²，占全市国土面积51%；9县（市、区）147站降雨超过200mm，笼罩面积约3901km²，占全市国土面积16%。

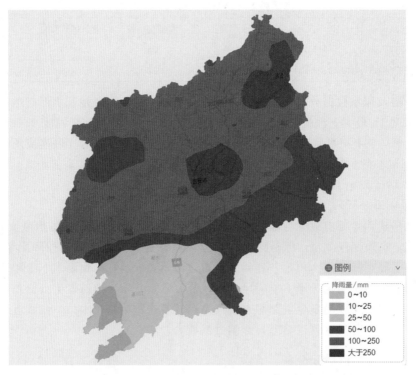

图8-8　7月9日8时—10日8时吉安市降雨图

二是降雨强度大、点暴雨超纪录。在最大24h降雨量中，吉州区269mm最大，新干县235mm次之，峡江县209mm第三。最大1h降雨量为泰和县洲尾站95.0mm，列有纪录以来第1位，重现期50年。最大3h、6h、12h、24h降雨量均出现在吉安县田塅站，分别为 216.0mm、300.0mm、434.5mm、464.5mm，列有纪录以来第 1 位，重现期超 100 年。吉安县敦厚站 3h 降雨量 186.5mm，列有纪录以来第 1 位，重现期超 100 年。吉安县永和站 3h、6h、12h、24h 降雨量分别为 186.0mm、269.0mm、374.0mm、390.5mm，列有纪录以来第 1 位，重现期超 100 年。

2. 短历时暴雨频率分析

由于暴雨区最大点暴雨站资料系列较短，借用附近长系列资料代表站，用 P-Ⅲ 型曲线进行适线分析。吉州区、青原区借用吉安站，新干县、峡江县借用马埠站，吉安县借用田墈站。

吉安站、马埠站、田墈站最大 1h、3h、6h、12h、24h 降雨量分别采用 1931—2020 年、1975—2020 年、1980—2020 年资料系列进行频率分析。马埠站最大 24h 降雨量 349mm，经分析是 1957 年以来的最大值，对其进行特大值处理；田墈站最大 3h、6h、12h、24h 降雨量分别为 216mm、300mm、435mm、465mm，均为 1931 年以来的最大值，进行特大值处理。

经频率分析：吉州区最大 1h 降雨量罗湖站 53mm，重现期约 10 年一遇；最大 3h 降雨量柘塘水库站 150mm，重现期超 100 年一遇；最大 6h 降雨量柘塘水库站 234mm，重现期超 100 年一遇；最大 12h 降雨量万硕水库站 292mm，重现期超 100 年一遇；最大 24h 雨量罗湖站 314mm，重现期超 100 年一遇。

青原区最大 1h 雨量稠塘水库站 73mm，重现期约 55 年一遇；最大 3h 雨量岭上站 164mm，重现期超 100 年一遇；最大 6h、12h、24h 最大 6h 雨量均为油箩坑水库站，分别为 250mm、364mm、387mm，重现期均超 100 年一遇。

峡江县最大 1h、3h 雨量均为幸福水库站 70mm、147mm，重现期约 30 年一遇、超 50 年一遇；最大 6h、12h 雨量均为庙口站 175mm，重现期约 30 年一遇、50 年一遇；最大 24h 雨量幸福水库站 383mm，重现期超 100 年一遇。

新干县最大 1h 雨量汉坑站 73mm，重现期约 40 年一遇；最大 3h 雨量南元站 138mm，重现期约 40 年一遇；最大 6h、12h 雨量均为双溪站 187mm、259mm，重现期约 40 年一遇、85 年一遇；最大 24h 雨量麦斜站 378mm，重现期超 100 年一遇。

吉安县最大 1h、3h、6h、12h、24h 雨量均为田墈站，分别为 92mm、216mm、300mm、435mm、465mm，除最大 1h 雨量重现期约 45 年一遇外，其余时段重现期均超 100 年一遇。

8.5.3 赣江四支分流比分析

赣江自南昌以下进入尾闾地区，干流在南昌市的扬子洲分东、西两河共四汊入湖，东河于礁矶头分汊为中支和南支，中支河长 43km；南支是东河主航道，长 54km。西河在樵舍分为北支和西支，北支经蒋埠在朱港同中支汇合；西支经樵舍、昌邑于吴城与修水汇合入湖，长 76km，是赣江入湖进江的主要航道。

尾闾四支各设有基本水位站，南支为滁槎站，中支为楼前站，北支为蒋埠站，西支为昌邑站。2020 年鄱阳湖流域性大洪水期间开展了赣江下游四支的流量测验工作，工作内容包括四支断面选址、大断面测量、四支水位资料收集与流量测验等。

1. 断面布设

四支测流断面分别布设在河流分叉口下游 1km 内，如图 8−9 所示，按照四等水准测量标准，从外洲站引据水准点，沿赣江四支引测各断面水准点高程。外洲站与四支水位站及测流断面间距离见表 8−5。

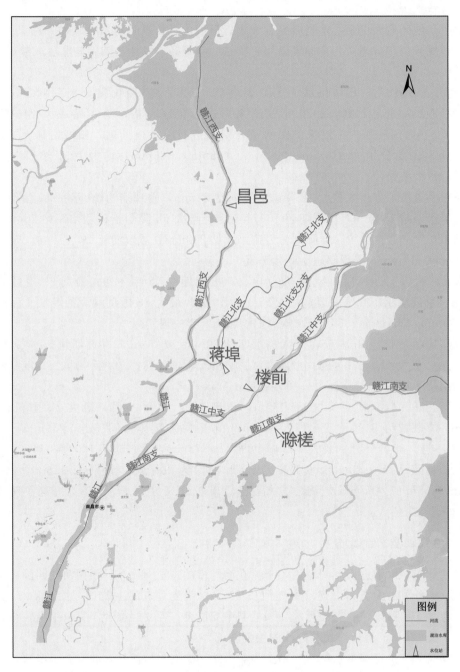

图 8−9　赣江下游四支分流比监测断面位置示意图

表 8-5　　　　　　　　　　　　外洲站与四支水位站及测流断面间距离　　　　　　　　　单位：km

测流断面	南支断面	中支断面	北支断面	西支断面	滁槎站	楼前站	蒋埠站	昌邑站
外洲	13.46	13.86	30.46	30.45	30.64	32.24	32.82	49.93
南支断面					17.18			
中支断面						18.38		
北支断面							2.36	
西支断面								19.48

2. 实测成果

鄱阳湖流域性大洪水期间，共测得赣江四支流量 5 次，分别为 7 月 11 日、13 日、17 日、25 日和 8 月 4 日，其中 7 月 11 日所测为此次洪水过程的洪峰，四支实测成果见表 8-6。

表 8-6　　　　　　　　　　　　赣江四支实测流量成果汇总表

测流时间 /（月-日）	测流断面	水位 /m	流量 /(m³/s)	东西河分流比 /%	四支分流比 /%
7-11	赣江-外洲	24.73	19400	100	100
	赣江-东河		10800	55.7	
	南支	23.82	5100		26.3
	中支	23.18	5700		29.4
	赣江-西河		8590	44.3	
	北支	23.27	2670		13.8
	西支	22.52	5920		30.5
7-13	赣江-外洲	23.31	6270	100	100
	赣江-东河		3490	55.7	
	南支	23.24	1560		24.9
	中支	22.58	1930		30.8
	赣江-西河		2780	44.3	
	北支	22.68	840		13.4
	西支	22.41	1940		30.9
7-17	赣江-外洲	22.44	2580	100	100
	赣江-东河		1410	54.7	
	南支	22.48	571		22.1
	中支	21.84	840		32.6
	赣江-西河		1170	45.3	
	北支	22.02	366		14.1
	西支	21.88	805		31.2

续表

测流时间 /（月-日）	测流断面	水位 /m	流量 /（m³/s）	东西河分流比 /%	四支分流比 /%
7-25	赣江-外洲	21.97	1170	100	100
	赣江-东河		601	51.5	
	南支	21.99	194		16.7
	中支	21.34	407		34.8
	赣江-西河		566	48.5	
	北支	21.52	149		12.7
	西支	21.34	417		35.8
8-4	赣江-外洲	21.31	1210	100	100
	赣江-东河		581	48	
	南支	21.38	221		18.3
	中支	20.73	360		29.7
	赣江-西河		631	52	
	北支	20.9	100		8.2
	西支	20.7	531		43.8

3. 成果分析

根据赣江四支实测流量成果分别绘制外洲站水位与东西两河、四支相应流量权重分配关系，如图 8-10 和图 8-11 所示。

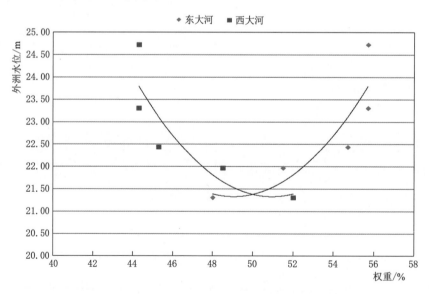

图 8-10 外洲站水位与东西两河相应流量权重分配关系

分析可知：2020 年鄱阳湖流域性大洪水期间，东西两河的流量分配比随外洲站的水位变化呈动态变化。当外洲站水位上涨时，赣江主流逐渐偏向东河，东河流量占比递增；

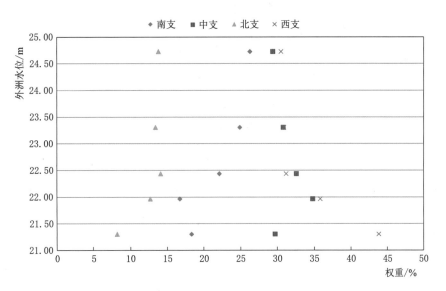

图 8-11 外洲站水位与四支相应流量权重分配关系

当外洲站水位下降时，赣江主流逐渐偏向西河，西河流量占比递增。当外洲站水位 21.4m 左右时，东西两河流量各占干流流量的 50%。

赣江四支中流量分配占比最大为西支，洪峰通过时占比超过 30%；其次是中支，流量占比稳定在 30% 左右；再次是南支，洪峰通过时占比超过 25%；流量占比最小的为北支，最大占比为洪峰通过时 13.8%。随着外洲站水位逐渐下降时，南支、北支流量分配占比逐渐减小，西支占比逐步增加，中支流量占比较稳定。

4. 与 2011 年赣江下游四支水资源分配关系研究成果对比

2011 年，江西水文开展了赣江四支水资源分配关系研究，结论主要如下：

（1）南支相应流量分配比随外洲站水位的升高而递增，当水位达 22.50m 之后，流量分配比稳定在 23.8%。

（2）中支相应流量分配比：外洲站水位低于 20m 时，占比随着水位的升高而递增；外洲站水位在 20~21.50m 时，占比稳定在 28.4%；外洲站水位高于 21.50m 后，占比随之递减，最低至 22.70%。

（3）北支相应流量分配比随外洲站水位的升高而递增，当水位达 21.50m 之后，流量分配比稳定在 12.4%。

（4）西支相应流量分配比：外洲站水位低于 22m 时，占比随着水位的升高而递减，当水位达 22m 时，占比最低至 35.7%；当水位大于 22m 后，占比随着水位升高而递增，占比最高至 41.1%。

本次成果与 2011 年研究成果对比，四支分流比及东河、西河线型关系未发生明显变化。本场洪水洪峰时，西支流量占比较 2011 年成果（22~26m 占比 35.7%~41.1%）减少了 10% 左右；南支流量占比增加了 7% 左右；北支、中支占比小幅变化。东河分流比增大而西河分流比减小，2011 年成果显示东河流量占比为 6.7%~42.5%。而本场洪水外洲站水位在 21.4m 以上时东河流量占比超过西河，洪峰时东河流量占比达 56%。

8.5.4 山口岩水利枢纽水情分析

8.5.4.1 基本情况

袁河又称袁水，系赣江一级支流，发源于萍乡市麻田乡武功山脉西麓，自西南向东北流经萍乡芦溪、宜春、分宜、新余、樟树，在樟树市张家山镇荷湖馆汇入赣江，袁河宜春城区以上河段称为上游段。袁河流域上游水文站网分布如图 8-12 所示。

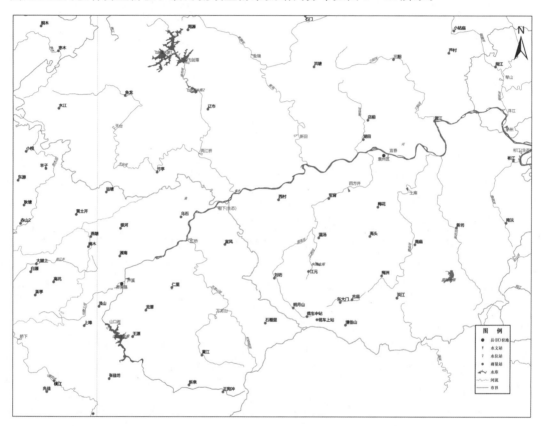

图 8-12 袁河流域上游水文站网分布图

袁河流域上游干流主要蓄水工程有大（2）型山口岩水利枢纽，坝址位于芦溪县上埠镇山口岩村上游约 1km 处，距芦溪县城 7.6km，是一座以供水、防洪为主，兼顾发电、灌溉等综合利用的水利枢纽工程。坝址控制流域面积 230km²，主河长 28.7km，河道坡降 14.8‰。水库总库容 1.05 亿 m³，正常蓄水位 244m，汛限水位 243m，防洪高水位 246.2m，校核洪水位 246.72m，引水隧洞设计引用流量 22.3m³/s。

袁河宜春以上流域内设有 21 个雨量站，干流有山口岩、棚下、西村、宜春 4 个水位站和芦溪 1 个水文站。芦溪站控制流域面积 331km²，宜春站控制流域面积 1894km²。

6 月 25 日 0—10 时，山口岩水利枢纽以上流域普降暴雨，库区平均降雨量 187.7mm，最大 1h 降雨量 51.1mm，最大 3h 降雨量 115.3mm，最大 6h 降雨量 157.7mm。受暴雨影响，山口岩水利枢纽工程坝前水位从 25 日 0 时 239.80m 起涨，上涨至 26 日 10 时

244.78m，超汛限水位1.78m。25日7时，最大入库流量达1180m³/s。

受"6.25"暴雨影响，芦溪县、武功山灾情严重，受灾人口69859人，紧急转移安置21745人，无人员因灾死亡。农作物受灾面积6027hm²，其中绝收面积577hm²，严重损坏房屋54间，一般损坏房屋1738间，直接经济损失66514万元。

8.5.4.2 暴雨频率分析

根据流域中心位置查《江西省暴雨查算手册》得山口岩水利枢纽以上流域各频率设计暴雨。"6.25"暴雨山口岩以上流域平均最大3h降雨量接近50年一遇，最大6h降雨量接近100年一遇。由流域内张家坊、新泉两站历史实测1h、3h、6h、24h降雨量分析可知，流域内王狗冲站最大3h降雨量为100年一遇、西江口站最大6h降雨量接近200年一遇，均排有纪录以来第一位。山口岩以上流域实测暴雨频率见表8-7。

表8-7 山口岩以上流域实测暴雨频率表

时段	暴雨查算手册成果/mm					山口岩以上流域平均实测值		山口岩以上流域最大点暴雨实测值		
	0.5%	1%	2%	5%	10%	降雨量/mm	频率	站名	降雨量/mm	频率
最大1h	105.7	96.5	86.9	74.3	63.9	51.1	20%	王狗冲站	66.5	10%
最大3h	146.9	134.2	120.7	100.2	85.5	115.3	2%～5%	王狗冲站	143.0	1%
最大6h	181.3	163.5	145.5	121.3	102.8	157.7	1%～2%	西江口站	185.0	0.5%～1%
最大24h	299.2	270.3	241.3	201.6	171.6	181.2	5%～10%	王狗冲站	235.0	2%

8.5.4.3 洪水频率分析

1. 山口岩水利枢纽洪水

根据单位线法、新安江模型、水库实测水位库容反推入库流量三种方法分别计算，山口岩水利枢纽洪峰流量分别为999m³/s、1320m³/s、1180m³/s，洪水总量分别为3320万m³、3220万m³、2640万m³。根据山口岩水利枢纽工程初步设计报告，山口岩水利枢纽"6.25"洪水与设计洪水对照见表8-8，山口岩水利枢纽本次洪水频率为200～500年一遇，洪水总量为50年一遇。山口岩水利枢纽2020年6月25日洪水过程如图8-13所示。

表8-8 山口岩水利枢纽"6.25"洪水与设计洪水对照表

频 率	0.2%	0.5%	1%	2%	"6.25"洪水
山口岩设计洪峰流量/(m³/s)	1260	1080	949	816	1180
山口岩24h设计洪量/万m³	4230	3650	3220	2780	2640

2. 芦溪、宜春两站洪水

对芦溪站、宜春站洪水进行还原分析：若山口岩水利枢纽不调蓄，用新安江模型、江西省暴雨洪水查算手册分别计算两站洪峰流量，芦溪站洪峰流量分别为1270m³/s、1120m³/s，宜春站洪峰流量分别为1680m³/s、1760m³/s，两成果较接近。

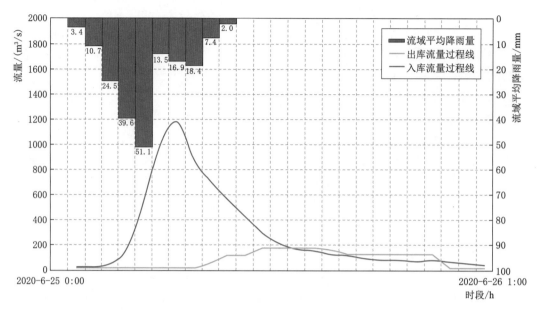

图 8-13 山口岩水利枢纽 2020 年 6 月 25 日洪水过程图

在本次过程中，山口岩水利枢纽最大入库流量 1180m³/s，最大出库流量 180m³/s，削减洪峰流量 1000m³/s；芦溪站、宜春站洪峰流量分别为 257m³/s、1020m³/s。若山口岩水利枢纽不调蓄，考虑沿程河道槽蓄损失，预计芦溪站、宜春站洪峰流量将达到 1120m³/s、1680m³/s，对应洪峰水位为 135.24m（超警戒 1.24m）、洪峰水位 88.90m（超警戒 0.90m），芦溪站将出现接近 100 年一遇洪水，宜春站出现接近 10 年一遇洪水。芦溪站、宜春站设计洪水与本次洪水比较见表 8-9。

表 8-9   芦溪站、宜春站设计洪水与本次洪水比较表

频　率	1%	2%	5%	10%	本次洪水
芦溪站设计洪峰流量/(m³/s)	1210	1040	824	661	1120
宜春站设计洪峰流量/(m³/s)	2940	2640	2030	1880	1680

3. 防洪效益评估

本次洪水过程，山口岩水利枢纽充分发挥拦洪、削峰作用，共计拦蓄水量 1850 万m³，削减洪峰流量 1000m³/s，削峰率 84.7%，分别降低芦溪站、宜春站洪峰水位 2.36m、1.21m。若山口岩水利枢纽未发挥调蓄作用，进行还原分析：芦溪站将出现 1895 年（调查流量 1130m³/s，超 100 年一遇）以来最大洪水，宜春将出现类似于 1994 年洪水（洪峰水位 88.91m），芦溪县城及芦溪至宜春城区袁河沿岸低洼地区将大面积受淹。由此说明，经水库科学调度后，最大限度的减轻了下游防洪压力，减少了下游芦溪县城、宜春市及沿岸乡镇财产经济损失。

第9章

结　论

通过对 2020 年鄱阳湖流域暴雨洪水的研究与分析，形成几点认识，并就如何更好应对鄱阳湖流域超标准洪水提出几点对策，分述如下，供参考。

9.1　主要认识

9.1.1　鄱阳湖高水位成因

2020 年 7 月鄱阳湖流域过程性雨量之大、流域性水情之猛均超历史，鄱阳湖星子站自超警至出现最高水位仅历时 8d，鄱阳湖湖口站仅历时 6d，在短时间内出现高水位的成因与多方因素相关。一是降雨强度大、范围广、极端性强，7 月上旬赣北、赣中遭受大暴雨袭击，累计面雨量达 300～500mm，全省平均降雨量高达 228mm，为同期均值的近 4倍，列有纪录以来第 1 位，同时全省 70 多个县区近 2000 个站点降雨量超过 250mm，笼罩面积 7.3 万 km²，占江西国土面积的 43%，强降雨的发生形成了高水位的基本条件；二是前期来水丰、江湖低水高，尤其是 6 月下旬流域平均降雨较常年同期偏多超两成，致使鄱阳湖水位迅速由低转高；三是五河洪水遭遇恶劣及长江高位顶托。7 月集中高强度的降雨导致一周内五河及鄱阳湖接连发生 12 次编号洪水，五河洪水呈现恶劣遭遇和反复叠加，与此同时长江 1 号、2 号、3 号洪峰先后形成，来水持续加大并发生倒灌，对鄱阳湖形成巨大压力。

受五河来水及长江干流顶托倒灌影响，鄱阳湖水位上涨迅速，湖区洪水宣泄不畅，致使鄱阳湖星子站高水位且持续时间长、消退缓慢。

9.1.2　单退圩堤应用效益

1998 年洪水后，江西省按照党中央、国务院统一部署，开始实施"平垸行洪、退田还湖、移民建镇"工程，是国家为加快灾后重建提出的整治江湖和兴修河利有力措施。在应对 2020 年鄱阳湖流域性大洪水中，江西省及时启动鄱阳湖区 185 座单退圩堤开闸清堰、分蓄洪水，实行退田还湖工程 22 年来首次全部进洪，分洪量达 26.2 亿 m³，降低湖区水位 0.2~0.3m，如不分洪，湖口站最高水位将超过保证水位 22.5m，分洪后最高水位控制在 22.49m，低于保证水位 1cm 成功避免康山蓄滞洪区启用，分洪效果显著。单退圩堤的应用使用抢险力量往重点区域集中，能有效减轻重点圩堤的防洪压力。

9.1.3 水库群调度效益

在应对 2020 年鄱阳湖流域性大洪水过程中，省防指科学调度万安、峡江、石虎塘、洪门、廖坊、柘林、江口、大坳、罗湾、小湾、浯溪口等水库进行拦洪滞洪、削峰、错峰作用。柘林、洪门、大坳等水库削峰效果显著，削峰率分别达 67%、54%、41%，尤其是将柘林水库接近 30 年一遇洪峰流量 10600m³/s 削减为 3460m³/s，大大削减了下游洪峰；调度柘林水库滞洪，成功与潦河洪水进行错峰，降低修河下游永修站洪峰水位 0.2~0.3m；调度柘林、万安、峡江、洪门、廖坊、江口、浯溪口、罗湾等水库拦蓄洪量 14 亿 m³，充分减轻了下游河道及湖区的防洪压力。经统计，在应对 7 月上旬鄱阳湖流域性大洪水过程中，调度大中型水库 50 余次，累计拦蓄洪量 18 亿 m³，相应降低鄱阳湖水位约 0.18m，有效减轻鄱阳湖及长江九江段防洪压力。

9.1.4 与 1998 年、2010 年灾险情对比

1998 年灾险情：洪涝灾害共造成全省 2010 万人受灾，因灾直接损失 376.8 亿元。农作物受灾 158.4 万 hm²，倒塌房屋 93 万间，18378 家工矿企业被迫停产，绝收 123.5 万 hm²。沿江滨湖地区的长江大堤、10 万亩以上重点圩堤发生大量泡泉、塌坡等重大险情，九江城防堤 4 号和 5 号闸之间发生决口。湖区有 240 座千亩以上堤溃决，其中超 3333.3hm² 堤 3 座，666.7~3333.3hm² 堤 20 座。洪水造成 5 条国道以及 165 条省道、县道交通中断，浙赣铁路、鹰厦铁路、京九铁路中断。

2010 年灾险情：洪涝灾害共造成全省 1751.4 万人受灾，死亡 60 人（含失踪 2 人），紧急转移安置 199.8 万人；农作物受灾面积 151 万 hm²，绝收面积 294.5 万 hm²；倒塌居民房屋 16.1 万间，损房 31.9 万间；因灾直接经济损失 592.6 亿元。6 月 21 日唱凯堤灵山何家段发生决口，10 万余人被洪水围困，此次洪涝灾害共造成临川区 60 万人口受灾，紧急转移安置人口 10.5 万人。

2020 年灾险情：洪涝灾害共造成全省 673.3 万人受灾，需紧急生活救助 31.3 万人，直接经济损失约 313.3 亿元。农作物受灾面积 74.2 万 hm²，倒塌房屋 6670 间，水利、交通、供水、供电、通信等基础设施均有损毁。全省 202 座单退圩主动进洪（湖堤 185 座、长江堤 17 座），11 座其他圩堤进洪。三角联圩、问桂道圩和中洲圩等 3 座万亩以上圩堤决口，累计发生管涌、渗漏、塌坡、跌窝等较大以上险情 2075 处，单日新增险情最多时 264 处，部分公路中断，铁路无中断情况。

相比之下，2020 年鄱阳湖流域性大洪水造成的区域性险情与阶段性灾情均小于 1998 年、2010 年。因此，2020 年鄱阳湖水位虽然水位更高、汛情更急，但灾险情显著减轻，鄱阳湖流域洪水防御能力明显提升。一是防御理念发生重大转变。近年来，江西省坚持人民至上、生命至上的理念，始终将人民生命安全放在首位，坚持积极践行

"两个坚持、三个转变"防灾减灾新理念，创造了全省71.5万名群众先后紧急转移与安置，无一人死亡的抢险救灾佳绩。二是鄱阳湖流域防洪体系成效显著。1998年大洪水后，鄱阳湖流域陆续建成廖坊、峡江、浯溪口等一批控制性工程，骨干水利工程体系日趋完善，洪水防御标准和能力大幅度提升，非工程措施为科学决策提供了有力支撑。三是平垸行洪工程效益更为显著。特别是垸堤被动决口转为有计划的主动进洪，及时启动湖区185座单退圩堤开闸清堰、分蓄洪水，这也是实行退田还湖工程22年来首次运用，降低湖区水位0.2～0.3m，极大减轻了灾情。四是高新技术为防御大洪水提供了的抢险支撑。监测预报调度能力显著加强，围绕溃口圩堤抢险救灾、溃口封堵、应急排涝的需要，采用无人机浮标法测流系统、手持雷达波、遥控船搭载ADCP等先进技术，开展溃口水文应急监测和分析工作，为防汛救灾提供数据支撑，赢得了宝贵时间。

9.2 启示与思考

1998年大洪水发生之后，在二十余年持续的水利投入下，鄱阳湖防洪体系已基本形成，在应对2020年鄱阳湖流域超历史大洪水中发挥了显著的效益，但我们也要清醒地认识到，在防御洪水过程中也暴露出了不少短板和薄弱环节，如防洪工程体系仍存短板，流域内骨干型工程仍较少；蓄滞洪区、单退圩堤建设滞后，运行机制尚未厘清等。水文部门为进一步做好今后的防汛工作，总结经验教训，提出以下启示。

9.2.1 进一步提升监测预报调度水平

坚持以防为主、预防为先，做到关口前移，不断推进非工程防洪措施。水文部门应强化应急监测能力，引入并应用高新技术提供更好的抢险支撑。健全和完善现有防汛调度指挥系统、洪水预测预报预警系统、山洪灾害预警监测系统，修订完善超标准洪水预案、水工程度汛方案，开展鄱阳湖区平原水网预报模型研究。进一步加强鄱阳湖流域典型洪水超额洪量预报调度研究，对现有蓄滞洪区与圩堤蓄滞洪区联合调度，建立行之有效的梯级分层调度运行模式，同时不断提升水文监测应急能力。

9.2.2 进一步完善单双退圩堤运用管理

鄱阳湖单退圩堤建成后，2016年曾短暂达到运用条件但未启用，2020年是水位已超过运用条件后才决策启用的，预留的行洪准备时间非常短，虽取得了明显成效，但在运用上仍然存在可提升的空间。目前河湖区大小圩堤数量众多、标准不一，在现有的规范和管理制度中，单退圩堤定位尚不明、管理尚不顺，故在今后应强化对单退圩堤的应用研究，对单退圩堤行洪效果、进洪水位与时机、配套制度、圩堤调整等均需进一步评估和完善。

9.2.3 进一步加快推进我省水库群调度一体化进程

强化全省主要江河站点预报与水工程调度相结合，推进江西省水库群联合调度研究，优化水利工程综合调度方式，制订符合江西省情、流域特性的水库群防洪、发电、供水、生态、应急等多目标综合调度联合调度技术方案；协同水利部门完成流域联合调度研究应用落地，通过洪水预报与调度业务应用的深度融合，实现水库预报调度一体化，充分发挥水库群综合效益，为服务防洪减灾提供强有力的支撑与保障。

附　　图

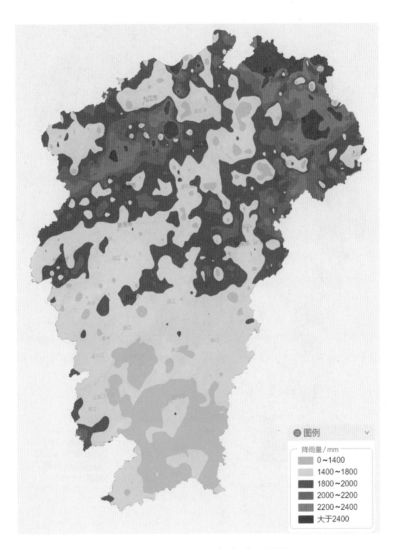

附图 1　江西省 2020 年年降雨量图

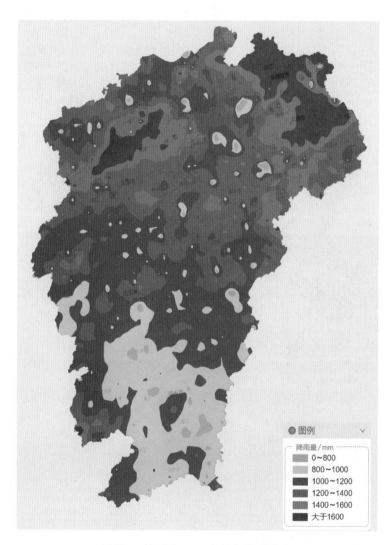

附图 2　江西省 2020 年汛期降雨量图

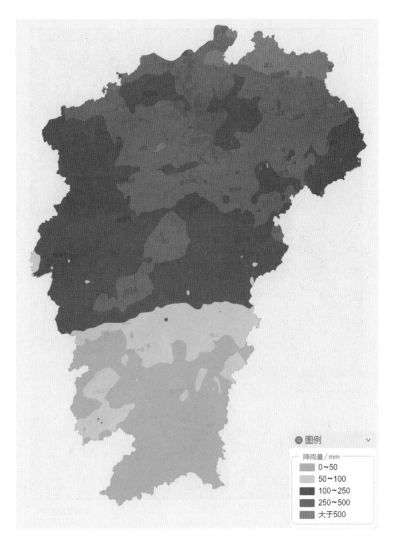

附图 3　江西省 2020 年 7 月 2—10 日降雨量图

坐标系: GCS China Geodetic Coordinate System 2000
基准面: China 2000
单位: Degree

图例

☐ 7月12日水体

水利部信息中心
2020年07月12日

附图 4　鄱阳湖 2020 年洪水淹没图

参 考 文 献

［1］ 刘元波，张奇，刘健，等，鄱阳湖流域气候水文过程及水环境效应［M］. 北京：科学出版社，2012.

［2］ 江西省水文局. 江西水系［M］. 北京：长江出版社，2007.

［3］ 雷声，章重，张秀平. 鄱阳湖流域五河尾闾河道演变遥感研究［J］. 人民长江，2014，45（4）：27－31.

［4］ 江西省水利厅. 江西省圩堤图集［R］. 1999.

［5］ 水利部长江水利委员会. 鄱阳湖区综合治理规划［R］. 2010.

［6］ 水利部长江水利委员会. 2020年长江暴雨洪水［R］. 2023.

［7］ 廖金源，康成英. 2020年鄱阳湖流域超标准大洪水分析与思考［J］. 中国防汛抗旱，2021，31（4）：45－48.

［8］ 雷声，张秀平，袁晓峰，等. 鄱阳湖单退圩实践与思考［J］. 水利学报，2021，52（5）：546－555.

［9］ 程永辉，陈航，熊勇. 2020年鄱阳湖圩堤险情应急抢险技术回顾与思考［J］. 人民长江，2020，51（12）：64－70，81.

［10］ 李小强，饶亚文. 江西省应对鄱阳湖流域超历史大洪水的措施与思考［J］. 人民长江，2020，51（12）：48－51.

［11］ 雷声. 2020年鄱阳湖洪水回顾与思考［J］. 水资源保护，2021，37（6）：7－12.